Tomaten 2

248 Historische Sorten und Wildtomaten

von Adelheid Coirazza

3. Auflage, März 2021

Impressum

Titelbilder

Vorderseite:
Komposition verschiedener Historischer Sorten und Wildtomaten, Tomatenblüten (unten links), ´Rio Grande` im Anschnitt (unten mittig), Rucola- Flan (unten rechts)

Rückseite:
´Matt's Wild Cherry`
´Mammoth German Gold`
´Liana Orangevaja`

Seite 1:
´Rio Grande`

Seite 2:
´Goldperle`

Coirazza, Adelheid
Tomaten 2 – 248 Historische Sorten und Wildtomaten
Witten: Formosa-Verlag, 2021

ISBN 978-3-934733-16-9

Vorwort

Tomaten – kaum ein Ort auf dieser Welt, an dem sie nicht gedeihen und kaum ein Mensch, der nicht sie oder ihre Verarbeitungsprodukte als Nahrung zu sich nimmt.
Seit Europäer sie aus Südamerika, wo ihre „Wiege“ steht, mitbrachten, haben sie die Welt erobert. Sie sind globalisiert. Und.... sie sind Anpassungskünstler.
Wie sonst ist es möglich, dass sie in Gegenden mit kurzen, kühlen Sommern wie auch in Gebieten mit so gut wie gar keinem Niederschlag schmackhafte Früchte entwickeln?
Ursprünglich müssen diese Früchte winzig klein gewesen sein. Aber schon vor ihrer Reise in die Alte Welt haben die Völker Südamerikas, Azteken, Inka und Maya, in einem Zeitraum zwischen 200 v.Chr. und 700 n.Chr. die Tomate kultiviert und selektioniert, also Auswahlzucht betrieben.
Auch die aztekischen Bezeichnungen xitomatle und später nur noch tomatl (pralles rundes Ding) weisen darauf hin, dass die Tomatenfrüchte in Sachen Größenzunahme bereits Fortschritte gemacht hatten.

Gott sei Dank finden wir heute immer noch sowohl die winzig kleinen Wildtomätchen verstreut über diesen Planeten, als auch Tausende, vielleicht sogar Zehntausende verschiedener Tomatenvarietäten, deren Formen- und Farbenvielfalt, aber auch Aromenvielfalt kaum zu überbieten ist.
Viele Gartenfreunde in aller Herren Länder haben sich zum Ziel gesetzt, die alten Sorten zu bewahren. Es sind spezielle Anpassungsformen dabei, die man so schnell nicht nachzüchten kann.

Wildtomaten und historische Sorten sollen in diesem Buch eine besondere Rolle spielen, denn sie gilt es an kommende Generationen weiterzugeben.

Grundlegendes über die Kultur und die Aufzucht von Tomaten kann im ersten Band „Tomaten“ nachgelesen werden.

Adelheid Coirazza, Köln

Inhaltsverzeichnis

▲ Wildtomaten vereinen zahlreiche positive Eigenschaften in sich und stellen somit eine Bereicherung eines jeden Gemüsegartens dar.

Wissenswertes über Wildtomaten

Die Urahnen der heutigen Tomaten

Wildtomaten sind die Urahnen unserer heutigen Tomatensorten und als solche haben sie sich ihre Ursprünglichkeit bewahrt. Sie sind züchterisch kaum oder nicht bearbeitet. Sie wurden in einem bestimmten Ursprungsgebiet gefunden, wo sie angepasst und heimisch sind. Grundsätzlich sind sie Freilandtomaten und kommen alleine zurecht:

- Die Früchte von Wildtomaten sind meist kleiner als Cocktailtomaten, Laub und Spross sind eher zart ausgebildet.
- Die Pflanzen haben eine enorme Wuchskraft, verzweigen sich stark, bilden ständig neue Blüten und Früchte und das bis zum Frost.
- Sie müssen nicht aufgebunden und nicht entgeizt werden.
- Sie sind anspruchsloser bezogen auf Bodenbeschaffenheit und Wasserversorgung.
- Sie können verschieden gefärbt sein, haben unterschiedlich feste Schalen und Fruchtfleischkonsistenz und sie sind relativ platzfest.
- Es gibt Buschformen, aber auch hoch oder unbegrenzt wachsende Wildtomaten.
- Sie sind wesentlich resistenter gegenüber verschiedenen Krankheiten, allen voran die Kraut- und Braunfäule.
- Im Geschmack sind sie durchaus unterschiedlich, aber sehr intensiv. Ihre Aromen erinnern an den Geschmack der Urtomaten.
- Wildtomaten säen sich selber aus und finden sich an ganz unverhofften Orten wieder.

Anbau von Wildtomaten

Wildtomaten sind die idealen Einsteigertomaten. Man kann mit ihnen so gut wie nichts falsch machen. Man kann sie entgeizen, muss aber nicht. Man kann sie überdacht aufziehen, muss aber nicht. Man kann sie in die pralle Sonne pflanzen, sie geben sich aber auch mit Halbschatten zufrieden. Man kann sie an Spiralen oder Stäben aufleiten, sie können aber auch in Zäune geflochten oder auf Stroh gelegt werden. Wer ihr üppiges Wachstum zur Geltung bringen möchte, baut ein trichterförmiges Gestell und legt ihre Seitentriebe über Querlatten. Wenn sie nach anfänglich zögerlichem Wachstum plötzlich explodieren, braucht eine einzige Pflanze mitunter bis zu 2 m² Platz. Dann kann sie nach Belieben auf ein verträgliches Maß zurückgeschnitten werden. Wildtomaten können im Kübel, im großen Blumentopf oder in einem Pflanzsack aufgezogen werden. Besonders praktisch für Balkon und Terrasse ist die Hängeform. Sie macht das Anbinden überflüssig und erleichtert die Ernte. Wird sich für die Anpflanzung im Gewächshaus entschieden, darf der Platzbedarf, der sich noch einmal verdoppeln kann, nicht unterschätzt werden.

Wegen ihrer Wüchsigkeit und Toleranz gegenüber verschiedenen Krankheiten werden Wildtomaten als Veredlungsunterlage für empfindlichere Tomatensorten verwendet.

Wildtomaten spielen bis heute eine wichtige Rolle als Genreserve, um wichtige Eigenschaften wie Resistenzen in bestehende Sorten einzukreuzen.

Gerichte aus Wildtomaten sind eine Delikatesse. Eine Sugo aus Wildtomaten, eingelegte getrocknete Wildtomaten, Wildtomatenflocken als Aromaspender sind nur einige wenige Beispiele für Speisen, wie sie vermutlich nur in der heimischen Küche gezaubert werden können.

▼ **Trotz ihrer eher zarten Triebe und Blätter können Wildtomaten zu großen Pflanzen mit entsprechendem Platzbedarf heranwachsen.**

▼ **Aufgrund ihrer Widerstandsfähigkeit sind Wildtomaten beliebte Veredlungsunterlagen.**

◀ **Größen- und Farbenvergleich verschiedener Wildtomaten**

Vorteile der Wildtomaten:

- **Sie sind weniger krankheitsanfällig.**
- **Ihr Aromenkonzentrat ist unübertroffen.**
- **Ihre Ernteperiode ist verlängert.**
- **Sie reifen schneller und früher.**
- **Der Pflegeaufwand ist geringer.**
- **Sie sind freilandgeeignet.**
- **Sie dienen als Veredlungsunterlage.**
- **Ihr Genpool ist für die Zucht wichtig.**

▲ **Diese vermutlich älteste Darstellung einer Tomatenpflanze in Europa von Leonhart Fuchs (1501-1565) aus der unveröffentlichten Pflanzenenzyklopädie, Codex II, wird in der Österreichischen Nationalbibliothek in Wien aufbewahrt.**

Wissenswertes über Historische Tomaten

Geschichte in Kurzfassung

Tomaten haben seit ihrer Entdeckung in der *Neuen Welt* eine lange Reise gemacht und sind schließlich in die *Neue Welt* zurückgekehrt.
Mit Seeleuten, Eroberern und Abenteurern gelangten sie vermutlich als Samenkörnchen von Mittelamerika über den Atlantik nach Europa. 1544 beschreibt der italienische Arzt und Botaniker Pietro Andrea Mattioli als möglicherweise erster die aus Amerika eingeführte Tomate und nennt sie „mala aurea" (goldener Apfel). Es ist allerdings auch schon von einer roten Abart die Rede.
Im Europa des 16. und 17. Jahrhunderts steht man der Frucht sehr skeptisch gegenüber. Man kennt die giftigen Eigenschaften der Nachtschattengewächse, zu denen die Tomate gehört, und verbietet ihren Verzehr. Allenfalls für medizinische Zwecke bei äußerlicher Anwendung sei sie geeignet.
In den Gärten ist sie als Zierpflanze jedoch sehr beliebt und so breitet sie sich im gesamten Mittelmeerraum, in der Türkei, im Iran, in Syrien, Ägypten, Arabien und Nordafrika mit Handeltreibenden und Soldaten immer weiter aus. Auf Karawanenrouten gelangt sie schließlich bis nach Indochina.
In Nordeuropa kommt die Tomate erst im 18. Jahrhundert an. Zu diesem Zeitpunkt ist sie bereits Bestandteil der mediterranen Küche.
Im 19. Jahrhundert ist die Tomate als Nahrungspflanze in Europa allgemein bekannt. Sie wird in jeder erdenklichen Form zubereitet und verzehrt.
Auswanderer aus Europa bringen die Tomate letztendlich in die *Neue Welt* zurück. Damit schließt sich der Kreis.

Sortenvielfalt

Es gibt Schätzungen, die heute von annähernd 20.000 verschiedenen Tomatenvarietäten ausgehen.
Wie konnte diese Sortenvielfalt aus den wenigen Samen, die im 16. Jahrhundert in Europa eintrafen, hervorgehen?
Pflanzen unterliegen als Lebewesen einem ständigen Anpassungsdruck. Wenn Umweltbedingungen sich ändern, ist

die Chance des Überlebens für den mit den günstigsten Eigenschaften am größten. Je umfangreicher die genetische Disposition, desto vielfältiger sind die Anpassungsmöglichkeiten.
Gleichwie die ersten Tomaten, die nach Europa kamen, gefärbt waren, Mutationen müssen im Laufe der folgenden Generationen zu den unterschiedlichen Fruchtfarben geführt haben. Aber auch Eigenschaften wie Dicke der Schale, Saftanteil oder die Fruchtform haben sich in kleinen Schritten von Generation zu Generation verändert. Eine besondere Rolle spielt sicher das Merkmal „Krankheitstoleranz". Eine sehr anfällige Varietät wird im Überlebenskampf genauso schnell wieder vom Erdboden verschwunden sein wie sie aufgetaucht ist, eine resistente Sorte kann durch weitere Mutationen ihre Eigenschaften verbessern. Da Mutationen spontan und zufällig auftreten, unterliegen diese Anpassungserscheinungen der natürlichen Selektion infolge von Umweltgegebenheiten.

Greift der Mensch in die Selektion ein und bestimmt er die Auswahlkriterien, ist das im Sinne der Evolution selten von Vorteil. Das Zuchtziel läuft dann in der Regel auf eine Vereinheitlichung hinaus, deren Ergebnis uns in Sachen Tomaten allen bekannt ist.

Ein Zitat zum Thema:

„Der Schwund des Genpools ist ein drängenderes Problem als der Klimawandel!"

Tom Wagner, Pflanzenzüchter bei Tater Mater Seeds/USA

▼ Formen- und Farbenvergleich historischer Tomaten. Übrigens, alte Sorten sind weniger allergen als Neuzüchtungen.

▲ **Die Anzahl der Bauern- und Privatgärten ist seit Jahrzehnten rückläufig. Damit einher geht der dramatische Rückgang der Kulturpflanzenvielfalt.**

In evolutionären Zeiträumen gemessen hat die Tomate nur etwa 400 Jahre gebraucht, um die heutige Formen-, Farben- und Aromenvielfalt zu entwickeln. Wir könnten es in wesentlich kürzerer Zeit schaffen, das Rad auf den aztekischen Ausgangszustand zurückzudrehen.
Ein Grund für den Rückgang der Kulturpflanzensorten in den letzten 100 Jahren um bis zu 90% liegt im Aussterben von Bauern- und Privatgärten, in denen das Saatgut immer wieder selbst gewonnen und weitergereicht wurde.
Denn nach Wanderung um den Erdball waren es vor allen Dingen regionale Sorten und Familiensorten mit ihren standortgemäßen Anpassungen, die entstanden.

▶ **Gesund, ertragreich, lecker: ´Nonna Antonia`, eine empfehlenswerte Familiensorte**

Die zahlreich entstandenen regionalen Sorten und Familiensorten lassen sich durch die Namensgebung nachvollziehen.

Beispiele für regionale Sorten:

- **´Amish Cherry`**
- **´Babelsberger Gelbe`**
- **´Berner Rose`**
- **´Bonner Beste`**
- **´Norddeutsche Hellfrucht`**
- **´Piennolo del Vesuvio`**
- **´Platte Vierländer`**
- **´Schlesische Himbeere`**
- **´Tiffen Mennonite`**

Beispiele für Familiensorten:

- **´Eva Purple Ball`**
- **´Grandpa Cock`s Plume`**
- **´Jerry`s German Giant`**
- **´Nonna Antonia`**
- **´Onkel Gustav`**
- **´Ruth`s Perfect`**

Bewahrer der alten Sorten sind heute neben staatlichen Samenbanken, die Saatgut vor allem konservieren, private Initiativen, die es sich zur Aufgabe gemacht haben, alte Saatgutsorten in Umlauf zu bringen. Ohne Anbau keine Weiterentwicklung: die Evolution kommt zum Stillstand.

Saatgutvielfalt in Gefahr

Der Handel mit Saat- und Pflanzgut ist innerhalb der EU durch das Saatgutverkehrsgesetz und die dazu erlassenen Verordnungen geregelt.
Um Saatgut in den Verkehr bringen zu dürfen, bedarf es einer Zulassung und einer amtlichen Zertifizierung durch die Länderdienststelle.
Eine Zulassung erfolgt, wenn eine Sorte *„in der Gesamtheit ihrer wertbestimmenden Eigenschaften gegenüber den zugelassenen Sorten eine deutliche Verbesserung für den Pflanzenbau oder die Verwertung der Erzeugnisse erwar-*

ten lässt". (Bundesministerium für Ernährung, Landwirtschaft und Verbraucherschutz)

Der Antrag auf Zulassung einer Sorte ist kostenpflichtig und zeitaufwendig.

Außerdem muss eine Sorte „unterscheidbar, einheitlich und beständig" sein. Homogenität ist aber bei bäuerlichen Sorten oft nicht erreichbar und auch nicht gewollt. Gerade die Variabilität dieser Sorten ist die Grundlage für Züchtung. Mit einheitlichen Hybridsorten kann schwerlich gezüchtet werden.

Der Dachverband Kulturpflanzen- und Nutztiervielfalt und viele andere Initiativen fordern deswegen die Saatgut-Souveränität: *Traditionelle Sorten, die nicht für den Massenmarkt bestimmt sind, müssen von der Zulassungspflicht befreit und der freie Saatguttausch erlaubt bleiben.*

▲ **In der EU gibt es Bestrebungen, das Weiterreichen von nicht zugelassenem Saatgut zu verbieten. Welch gefährliches Potential mag in diesen Samenkörnchen wohl stecken?**

▲ **Vor Regen geschützt entwickeln sich die Tomaten in einem Folientunnel prächtig.**

Tatsachen:

- **Die 10 größten Saatguthersteller beherrschen 75% des Weltmarktes.**
- **Die Hälfte des Saatgutes stammt aus der chemischen Industrie.**
- **Die Kulturpflanzenvielfalt ist vom Markt verschwunden.**
- **Es wird Hochleistungs-Einheits-Saatgut erzeugt, das nur mit Hilfe der Chemie bessere Erträge bringt.**
- **Die Saatgutlieferanten liefern zum Saatgut die passenden Pestizide und Dünger.**
- **Der größte Teil des kommerziellen Saatgutes ist Hybridsaatgut.**

Von der Blüte zur Frucht

▲ **Übergang von der Blüte zur reifenden Frucht**

Blütenaufbau und Bestäubung

Die Tomate gehört zu den sogenannten Bedecktsamern, d.h. die Samenanlage ist in einem Fruchtknoten eingeschlossen, der zur Frucht heranwächst und die Samen einschließt.
Die Tomatenblüte setzt sich aus den grünen Kelchblättern, den gelben Kronblättern, Staubblättern (männliche Blütenteile) und dem Fruchtblatt (weibliches Blütenteil) zusammen. Das Fruchtblatt besteht aus Narbe, Griffel und Fruchtknoten. Letzterer enthält die Samenanlage, in der sich die Eizelle befindet. Die Staubblätter bestehen aus einem Staubfaden und dem Staubbeutel, der den Pollen beherbergt.

Gelangt der Pollen durch den Wind oder Insekten auf die klebrige Narbe, spricht man von Bestäubung. Nun wächst ein Pollenschlauch durch den Griffel zur Samenanlage, die Spermazellen gelangen auf diesem Weg zur Eizelle, wo die Befruchtung stattfindet.
Die Voraussetzungen für die Bildung einer Frucht mit Samen sind geschaffen. Kelch-, Kron- und Staubblätter vertrocknen und fallen ab. Der Fruchtknoten wächst zur Frucht heran und umschließt die Samen.

▼ **Die Keimung**
(von links nach rechts)

- **Jeder Samen enthält einen Embryo mit Keimwurzel, Keimspross und Keimblättern.**
- **Gekeimter Samen**
- **Samen mit Keimblättern**

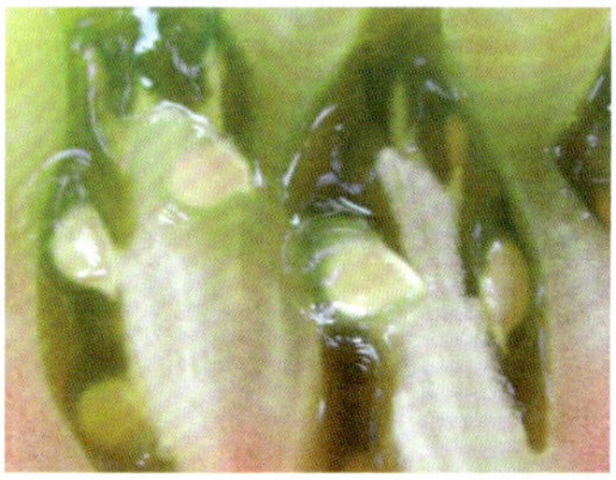

Hybriden

▲ Sorten mit weit herausstehendem Griffel sind anfällig für Fremdbestäubung.

In der Botanik versteht man unter Hybriden eine Kreuzung zweier Elternpflanzen, die sich in mindestens einem Merkmal unterscheiden und bezogen auf die Merkmale reinrassig sind. Die daraus resultierenden Nachkommen sehen alle gleich aus, sind aber mischerbig. Sie werden 1. Tochtergeneration oder auch 1. Filialgeneration (F1 - Generation) genannt.
Aus dem Samen der F1-Generation gehen in der F2-Generation Nachkommen hervor, die teilweise die Eigenschaften der Elterngeneration, teilweise die Merkmale der F1-Generation aufweisen. Daraus resultiert, dass so gewonnenes F1-Saatgut nicht verlässlich und für Gärtner, die bestimmte Eigenschaften erwarten, uninteressant ist.
Einen Vorteil stellt die Hybridisierung bei der Kombination positiver Eigenschaften dar, die ursprünglich nicht auf einer Pflanze vereint waren.
In der Evolution gilt die Hybridisierung zusammen mit Mutationen als Motor für die Artenvielfalt. Es entstehen immer wieder neue Kombinationen von Merkmalen, die auf natürlichem Wege selektioniert werden.
Baut man viele verschiedene Tomatensorten in räumlicher Nähe an, muss in einzelnen Fällen mit Kreuzungen gerechnet werden. Zwar sind Tomaten in der Regel Selbstbestäuber, es gibt aber auch Sorten, die zur Fremdbestäubung neigen. Samenechte Sorten können streng genommen nur in Isolation erzeugt werden.

▲ Untypische Fruchtentwicklung aus Königsblüten (von links nach rechts)

- Königsblüte
- Heranwachsende Frucht mit Verformungen
- Deutliche Verformungen an den reifen Früchten, sogenanntes Catfacing

Königsblüten

Die erste Blüte an Tomatenpflanzen, vor allem bei den größer fruchtenden, ist oft durch eine Verschmelzung mehrerer Blüten entstanden und sieht infolgedessen sehr außergewöhnlich aus. Griffel und Narbe sind deutlich zu sehen und stehen heraus. Daraus muss man schließen, dass diese Blüten für Fremdbestäubung anfälliger sind, was wiederum zu einer größeren genetischen Variationsbreite führt. Die sich aus diesen Blüten entwickelnden Früchte sind nicht typisch für die Sorte und unförmig gestaltet.

Ein hilfreicher Tipp:

Hummeln stehen auf blau! Blau blühende Sträucher oder Stauden im Tomatenbeet bzw. vor dem Gewächshaus locken die Insekten an, vorausgesetzt, das Gewächshaus ist offen.

Die Hummel als Bestäubungshelfer

Sowohl der Wind als auch Hummeln, speziell die Erdhummel (*Bombus terrestris*) spielen bei der Bestäubung von Tomatenblüten eine Rolle.
Hummeln sammeln wie Honigbienen Nektar und Pollen. Bei ihren Arbeitseinsätzen sind sie keine guten Flieger und obendrein etwas pummelig und schwerfällig. Und doch sind sie die Nummer eins als Helfer bei der Tomatenbestäubung. Fliegen sie eine Blüte an, beißen sie sich an dieser fest. Durch hochfrequentes Zittern mit der Flügelmuskulatur (buzzing) entsteht eine Vibration, durch die der festsitzende Pollen aus den Pollensäckchen geschüttelt wird. Die Hummel hat was sie will und als „Nebeneffekt" gelangt Pollen auf die Narbe.

▲ Nach dem Besuch einer Hummel auf einer Tomatenblüte sind Bissspuren zu sehen, die sich braun verfärben. Übrigens, die Steinhummel wurde 2005 zum *verdienstvollen Krabbeltier* gekürt.

Hummeln haben gegenüber Bienen viele Vorteile:

- Hummeln besuchen fünfmal mehr Blüten, mehr als 1000 pro Tag. Sie können dabei ihr Gewicht verdoppeln.
- Hummeln fliegen auch bei kühlerer Witterung (ab 4°C), geringer Helligkeit, Wind und Nieselregen, d.h. auch morgens und abends, im Frühjahr und Herbst, in kälteren Zonen.
- Durch das Zittern der Flugmuskulatur können sie Eigenwärme erzeugen. So wird die zum Fliegen notwendige Temperatur von 30-40°C erreicht.
- Die Heizmethode bedeutet enormen Energieverlust, also muss Energie gespart werden. Ist der Weg nicht zu beschwerlich wird nicht von Blüte zu Blüte geflogen, sondern gekrabbelt.
- Hummeln haben einen kleineren Flugradius, sie bleiben lieber in der Nähe.
- Hummeln haben weniger Probleme mit der Orientierung im Gewächshaus, möglicherweise orientieren sie sich an der Bodenbeschaffenheit.

Pflegetipps für Fortgeschrittene

Entgeizen ist eine Kulturmaßnahme

Tomatenpflanzen neigen dazu, sich stark zu verzweigen. In den Winkeln zwischen Spross und Blättern, den Blattachseln, entstehen Seitentriebe, die sich in der Regel wieder verzweigen. Das heißt, Tomatenpflanzen wachsen eher in die Breite als in die Höhe und produzieren dann immer kleinere Früchte. Dagegen hilft das Entgeizen, was nichts anderes ist, als die Seitentriebe fortlaufend auszubrechen.
Nun gibt es Ausgeizverfechter, die ganz streng nur den Hauptspross stehen lassen und konsequent jeden Seitentrieb entfernen. Im Gegensatz dazu gibt es regelrechte Ausgeizverweigerer, die den Tomaten freien Lauf lassen, wobei das Anbinden dann nicht einfach aber trotzdem notwendig ist. Wie so oft, liegt das Ideal wahrscheinlich in der goldenen Mitte. Da das Pflanzenwachstum vom Klima abhängig ist, kann es in kühleren Regionen sinnvoller sein, nicht so stark zu entgeizen und im Gewächshaus ist es vielleicht notwendig, sehr radikal zu entgeizen. Zudem spielt die Sortenwahl eine große Rolle, wenn man bedenkt, dass es Varietäten mit sehr üppigem Wachstum aber auch solche mit sehr schlankem Wuchs gibt.

Pro/Contra Entgeizen

Für das Entgeizen spricht:

- **Die Pflanzen werden besser durchlüftet (Vorbeugung gegen Kraut- und Braunfäule).**
- **Das Wachstum konzentriert sich auf wenige Triebe.**
- **Die verbliebenen Früchte werden größer.**
- **Nicht entgeizte Pflanzen sind mitunter kaum zu bändigen.**

Gegen das Entgeizen spricht:

- **Die Pflanzen werden verletzt (Infektionsgefahr).**
- **Das natürliche Wachstum der Pflanze wird gestört.**
- **Es entsteht ein Ungleichgewicht zwischen Wurzel- und Sprosswachstum.**
- **Ausgeizen ist zeitaufwendig.**
- **Starkes Entgeizen kann zu Grünkragigkeit, Aufplatzen der Früchte und Einrollen der Blätter führen.**

▲ **Im Laufe der Jahre entwikkelt man ein Gespür für optimales Entgeizen. (von links nach rechts)**

- **Kleiner Achseltrieb zum Ausbrechen geeignet.**
- **Beim Entgeizen nicht die Blütenstände verletzen.**
- **Die Wunde nach dem Ausbrechen möglichst klein halten.**

So wird entgeizt:

- Je kleiner die Geiztriebe, desto weniger schadet das Entgeizen.
- Morgens entgeizen, damit die Wunde rasch eintrocknet.
- Bei warmer und trockener Witterung entgeizen.
- Die neben den Geiztrieben wachsenden Blütenstände nicht verletzen.
- Sind die Achseltriebe zu groß geworden, sollte nur das Triebende entfernt werden.

▲▶ Aufplatzen und Grünkragigkeit sind eine mögliche Folge des Entgeizens.

Ein guter Tipp:

Es lohnt sich, die entgeizten Triebe zu sammeln und unter blattlausgefährdete Pflanzen zu legen. Ameisen, die Blattläuse beschützen, wie auch Schnecken meiden Tomatenblätter.

Gießen ist eine Erziehungsmaßnahme

Tomatenfrüchte bestehen zu 90% aus Wasser. Infolgedessen erliegen viele Gärtner dem Trugschluß, Tomaten müssten regelmäßig und reichlich gegossen werden. Den Ausspruch „Tomaten brauchen viel Wasser“ hört man sehr oft. Tomaten sind „Gewohnheitstiere“. Man kann sie an viel Wasser gewöhnen, aber auch auf Trockenheit konditionieren. Gießt man sie wenig, wird das Wurzelwachstum angeregt, die Pflanze geht auf die Suche. Außerdem wird durch ein reichlich verzweigtes Wurzelwerk die Pflanze noch besser im Boden verankert und sie hat einen zusätzlichen Zugang zu Nährstoffen. Schließlich können Tomatenwurzeln bis 1,20 m lang werden.

Das vermehrte Wurzelwachstum geht in diesem Falle allerdings vorübergehend zu Lasten der oberirdischen Pflanzenteile. Sie legen eine scheinbare Pause ein, die dann aber infolge der besseren Nährstoffversorgung von einem beschleunigten Wachstum abgelöst wird.

Bei reichlichem Gießen fallen diese Vorteile weg. Zuviel Gießen macht die Tomatenpflanze faul (nicht im Sinne einer Krankheit) und obendrein die Früchte auch noch wässrig. Entscheiden Sie selbst!

▼ In Südeuropa bekommen die Tomaten den ganzen Sommer keinen Tropfen Wasser.

In Mittelmeerländern werden Tomaten vor allem in Küstennähe auf salzhaltigen Böden angebaut. Man hat festgestellt, dass diese Früchte besonders aromatisch sind. Daraus könnte man schlussfolgern, Tomaten sollten regelmäßig mit Salzwasser gegossen werden. Empfehlenswert ist das nur für Pflanzen in Kübeln und spezielle Sorten, denn

die Versalzung des Bodens steht dem Nutzen entgegen und kann für Folgekulturen im Freiland zu Problemen führen.
Und noch ein weiterer Zusammenhang: Platzschäden an Tomaten treten auf, wenn es zwischen Wasserzufuhr über die Wurzeln und Wasserabgabe über die Blätter ein Ungleichgewicht gibt. Eine Mindestbodenfeuchte beugt zwar dem Aufplatzen vor, aber viel Wasser kann eben schnell auch zuviel sein.
Schwankungen bei der Wasserversorgung können zur Blütenendfäule führen. Ursache ist ein Kalziummangel, falls Wasser nicht zur Verfügung steht, da Kalzium mit dem Wasser aufgenommen wird.

Richtiges Gießen in Kürze

- **Temperiertes Wasser verwenden.**
- **Morgens gießen.**
- **Direkt in den Wurzelbereich gießen.**
- **Gelochten Pflanztopf zum Gießen neben der Pflanze in den Boden einlassen.**
- **Boden mulchen oder mit Folie abdecken.**
- **Zur Vorbeugung von Kalkmangel nicht nur mit Regenwasser gießen.**

Wissenswerte Zusammenhänge

- Der Zuckergehalt in den Tomaten nimmt bei größerem Pflanzabstand zu, da mehr Assimilate zur Verfügung stehen.
- Die ersten Früchte an einer Pflanze besitzen einen höheren Zuckergehalt als die später reifenden.
- In den Sommer hinein nimmt der Säuregehalt und die Haltbarkeit ab, während der Zuckergehalt ansteigt.
- Bei 18-23°C entwickeln Tomaten den besten Geschmack. Bei höheren Temperaturen werden sie saftiger, weniger fest und weniger haltbar.

▲ **Um der Blütenendfäule vorzubeugen, sollten Schwankungen in der Wasserversorgung vermieden werden. Bei akuten Problemen hilft die Gabe von Kalzium. Lösen Sie eine Kalziumtablette aus der Apotheke oder Drogerie in 10l Wasser auf und gießen Sie befallene Pflanzen damit mehrfach.**

◄ **Das Risiko des Aufplatzens erhöht sich vor allem bei:**

- **Starker Besonnung**
- **Kleinfruchtigen Sorten**
- **Dünnschaligen Sorten**
- **Überdüngung mit Stickstoff**
- **Spätem Ausbrechen der Triebspitze**
- **Starkem Entblättern und Entgeizen**
- **Hohen Wassergaben**

▲ **Von dem Erreger *Phytophtora infestans* befallene Früchte**

Kraut- und Braunfäule

Die häufigste und verheerendste Tomatenkrankheit

Die Kraut- und Braunfäule wird durch den Pilz *Phytophtora infestans* hervorgerufen. Wie seine Hauptwirtspflanzen Kartoffel und Tomate stammt er ursprünglich aus Mittelamerika. Als er Mitte des 19. Jahrhunderts in Europa eingeschleppt wurde, verursachte er bei der Kartoffel große Ernteausfälle. So kam es in Irland zu einer Hungersnot und auch in anderen Teilen Europas gab es Missernten, von denen vor allem die ärmeren Bevölkerungsschichten betroffen waren, für die die Kartoffel zu einem Grundnahrungsmittel geworden war. Mitte der 1980er Jahre wurde aus einem Gen-Zentrum in Mexiko eine neuartige Population von *Phytophtora infestans* nach Europa eingeschleppt, die sich von der vorherigen durch die Fähigkeit der sexuellen Vermehrung und durch eine höhere Aggressivität unterscheidet. Seither haben die Infektionen an Tomatenpflanzen rasant zugenommen.

Das Schadbild

Unscharf begrenzte, anfangs olivgrüne, später braune Flecken werden an Blättern und Sprossen sichtbar, die sich zunehmend schwarz färben. Auf der Blattunterseite bildet sich ein grauweißer Pilzrasen. Auch an Früchten finden sich diese braunen, runzligen, teilweise eingesunkenen Flecken. Da der Pilz die Leitungsbahnen der Pflanzen zerstört, sterben ganze Pflanzenteile ab.

▼ **Symptome und Stadien der Kraut- und Braunfäule (von links nach rechts)**

- **Beginnende Infektion**
- **Pilzrasen auf Blattunterseite**
- **Fortgeschrittene Schwarzfärbung am Spross**
- **Pflanzenteile sterben ab**

Der Erreger

Der Pilzrasen besteht aus unzähligen Sporen, die mit dem Wind weiter verbreitet werden. Gelangen die Sporen auf feuchte Pflanzenteile von Wirtspflanzen, keimen die Sporen vorzugsweise bei 12-15°C in kürzester Zeit. Ihre Keimschläuche dringen u.a. über Spaltöffnungen und Wunden (Ausgeizen) in das Wirtsgewebe ein und es entsteht eine Infektion. Innerhalb weniger Tage bilden sich neue Sporen, die wieder auf die Reise gehen. Die Krankheit breitet sich bei günstigen, feucht-warmen Bedingungen innerhalb weniger Tage aus.

▲ **Für die Freilandkultur sollten Sorten ausgewählt werden, die der Kraut- und Braunfäule möglichst lange widerstehen.**

Die Übertragung

Feuchtes Wetter und hohe Luftfeuchtigkeit begünstigen die Ausbreitung des Pilzes. Er überwintert vor allem in Ernterückständen und gelangt im Frühjahr so immer wieder auf die Anbauflächen.

Witterungsunabhängige, befruchtete Eizellen (Oosporen) von *Phytophtora infestans* können ebenfalls im Boden und Kompost, an Holzstäben und Gartengeräten überdauern.

Vorbeugung und Bekämpfung

Aufgrund der Anpassungsfähigkeit des Pilzes konnten bisher keine *Phytophtora*-resistente Tomatensorten gezüchtet werden, selbst wenn Samentütchen manchmal etwas anderes behaupten. Es gibt allerdings Sorten, die dem Pilz ziemlich lange widerstehen. Beispiele hierzu finden sich im Sortenteil.

Die Tomatenpflanzen sollten - wenn möglich - ein Dach über den Kopf bekommen, damit sie nicht dem Regen ausgesetzt sind. Gleichzeitig ist es wichtig für gute Durchlüftung zu sorgen, denn in geschlossenen Räumen kann sich Luftfeuchtigkeit bilden.

Werden die unteren, den Boden berührenden Blätter entfernt, verhindert dies, dass durch Spritzwasser Pilzsporen auf die Pflanze geschleudert werden.

Ein guter Tipp:

Petersilie als Unterpflanzung bei Tomaten wird eine braunfäulehemmende Wirkung zugeschrieben.

▼ **Die wesentlichen Kriterien für die Vorbeugung der Kraut- und Braunfäule sind erfüllt:**

- **Kultur im Folientunnel**
- **Keine bodennahen Blätter**
- **Ausreichender Pflanzabstand**
- **Tröpfchenbewässerung**
- **Abgedeckter Boden**

▲ Vorbeugung ist der beste Schutz (von links nach rechts):

- Kartoffelblättrige Sorten sind anfälliger für die Kraut- und Braunfäule
- Pflanzabstände beachten und Boden abdecken
- Bodennahe Blätter entfernen

Ein Abdecken des Bodens mit Mulch (kein Rasenschnitt) oder einer Folie ist von Vorteil. Gegossen wird nur im Wurzelbereich.

Kartoffelblättrige Sorten gelten allgemein als anfälliger für die Kraut-und Braunfäule, da ihre Blätter nach dem Regen langsamer abtrocknen.

Haben Pflanzen im Freiland Schaden genommen und ist dieser nicht allzu groß, können sich die Pflanzen bei Wetterbesserung erholen und es wächst wieder gesundes Gewebe über die Infektionsstellen.

► Regenschutz bei gleichzeitig guter Durchlüftung – Unter solchen Bedingungen entwikkeln sich prächtige und gesunde Pflanzen.

Ein guter Tipp:

Als Bodenverbesserer und Pflanzenstärkungsmittel ist „Kanne Brottrunk" ein Geheimtipp unter Gärtnern. Er ist offiziell anerkannt und hat sich als biologisches Schädlingsbekämpfungsmittel einen Namen gemacht.

Kanne Brottrunk:

- Erhältlich in Bäckereien, Bioläden, Reformhäusern, Drogerien
- Mischungsverhältnis 1:20 zur Bodenvorbereitung im Frühjahr und zur Bodenverbesserung im Herbst
- Mischungsverhältnis 1:100 zum laufenden Gießen
- Mischungsverhältnis 1:10 gegen Pilzbefall nach jedem Regen

Die einzig sichere Methode der Bekämpfung ist die Anwendung von Pilzbekämpfungsmitteln.

Lehnt man dieses ab, können die Pflanzen mit Hilfe von Kräuterauszügen gestärkt werden. Pflanzenjauchen aus Brennessel und Beinwell sind sehr wirkungsvoll, aber auch Kamille, Pfefferminze, Schnittlauch, Majoran, Ysop und Löwenzahn unterstützen die Gesundheit der Tomaten und fördern das Wachstum.

Vorbeugung in Kürze

- Entfernen der untersten Blätter
- Behandlung mit Pflanzenstärkungsmitteln
- Robuste Sorten auswählen
- Für genügend Pflanzabstand sorgen
- Mit sauberen Geräten arbeiten
- Tomaten niemals von oben gießen
- Regenschutz
- Abmulchen oder Abdecken des Bodens

Tomaten genießen – Rezeptteil

Es ist Spätsommer und ich bin dabei, dieses Buch zu überarbeiten. Wie jedes Jahr habe ich wieder ein paar neue Tomatenvarietäten ausprobiert und nun möchte ich den Rezeptteil erweitern.
Am liebsten gehe ich in den Garten, schaue, was gerade erntereif ist (banal gesagt, was weg muss), und überlege mir dann eine Zubereitung. Da in meinem Gemüsegarten ein jährlich fast wiederkehrendes Sortiment angebaut wird, kann es sein, dass die Rezepte sich ähneln. Das ist durchaus gewollt, denn frisch geerntet ist nun einmal nicht zu toppen.

In diesem Jahr habe ich erstmalig im Folientunnel nicht jeden Platz für die Tomaten reserviert, sondern Zwischenpflanzungen mit Basilikum, Auberginen, Paprika, Chili und ein paar Salatpflanzen vorgenommen. Wir hatten von allem eine reiche Ernte, was natürlich auch dem Wetter geschuldet war.

Es ist sicher nicht überraschend, dass bei etwa 100 Tomatenpflanzen, die zur Überprüfung der Krautfäuletoleranz jeweils zur Hälfte im Tunnel und im Freiland stehen, mindestens eine tägliche Mahlzeit tomatenlastig ist. Es gibt daher drei Dinge, die immer in unserem Haushalt vorhanden sind: Getrocknete Tomaten, Tomatenconcassée und Tomatensauce.
Diese drei Grundrezepte kann man auf Vorrat herstellen und es lässt sich schnell daraus eine kleine Mahlzeit zubereiten.

Rezeptübersicht

Drei Grundrezepte

fastfood - schnell, einfach, gut

slowfood - aufwändigere Zubereitung

Drei Grundrezepte

Getrocknete Tomaten

▲ **Meine Erfahrungen mit einem Dörrgerät:**

- **Ein Dörrgerät mit mehreren Etagen spart Strom.**
- **Die Tomaten auf die Schale legen, sonst kleben sie fest.**
- **Das Dörren von Tomaten dauert 8-10 Stunden.**
- **Man kann gleichzeitig Obst und Gemüse trocknen.**
- **Ein Dörrgerät der mittleren Preiskategorie lohnt sich.**

In südlichen Ländern kann man Tomaten in der Sonne trocknen. Das dauert in der Regel bei optimalen Bedingungen (geringe Luftfeuchtigkeit und Schattentemperaturen von mehr als 28°C) höchstens 1 bis 2 Tage. In unseren Breiten muss man auf Backofen oder Dörrgerät zurückgreifen. Da Tomaten einen hohen Wasseranteil haben, empfiehlt es sich, die Tomatenscheiben oder Tomatenviertel vorher zu entwässern, indem man sie zwischen zwei saugfähigen Tüchern zusammendrückt. Etwas Salz beschleunigt diesen Vorgang.

▲ Trocknen von Tomaten (von links nach rechts)

- Vorbereitete Tomatenviertel
- Gefüllter Etagenboden des Dörrgerätes
- Getrocknete Tomatenscheiben im Vorratsglas

Gehackte Tomaten / Concassée

Eine althergebrachte Methode, Tomaten zu enthäuten, besteht darin, die Tomaten kurz in heißes Wasser zu tauchen, anschließend mit kaltem Wasser zu übergießen und dann die Schale abzuziehen. Viele der alten Tomatensorten lassen sich aber auch „schälen", ohne diese Vorarbeiten.

◄ Gehackte Tomaten (von links nach rechts)

- Abziehen der Schale
- Gehackte Tomaten / Concassée in allen Farben

▲ Tomatenessenz bzw. Tomatenwasser fällt beim Auftauen der Tomaten an.

Ich persönlich ziehe es vor, den Tomaten im rohen Zustand die Haut abzuziehen. Anschließend kann man sie würfeln und portionsweise in Plastikdosen einfrieren. Taut man sie wieder auf, entsteht zuerst das sogenannte Tomatenwasser bzw. die Tomatenessenz, eine klare Flüssigkeit, die immer noch hocharomatisch ist und einen leicht süßlichen Geschmack hat.

Tomatensauce / Tomatenkonzentrat / Emulsion

Ein guter Tipp:

Anstelle von Pfeffer benutze ich gerne scharfes Olivenöl: Getrocknete scharfe Peperoncini werden in Olivenöl eingelegt. Nach 1-2 Wochen kann das Öl sparsam dosiert zum Schärfen benutzt werden.

Für eine sämige, kernlose Tomatensauce bevorzuge ich klassischerweise rote Tomaten. Man kann natürlich auch alle anderen Sorten verwenden.
Ein bis zwei Kilo Tomaten (oder soviel man möchte) werden in Wasser kurz aufgekocht. Anschließend werden die Tomaten in ein Sieb gegeben und man lässt sie mindestens eine Stunde abtropfen. Je länger dieser Vorgang dauert, desto konzentrierter wird die Soße. Die italienische „Mamma“ bereitet diese Soße in der Regel am frühen Morgen zu. Die Tomaten werden nun mit dem Pürierstab zerkleinert und durch die „flotte Lotte“ passiert. Sowohl das Abkochwasser als auch das Abtropfwasser kann man zum Abkochen der Pasta verwenden. Es aromatisiert das Nudelgericht zusätzlich. Störende Kerne müssen vorher ausgesiebt werden.
Hat man zuviel dieser passierten Tomatensoße zubereitet, kann man diese ohne weiteres einfrieren oder auch in Flaschen und Gläsern einkochen.

▼ Herstellung von Tomatensauce (von links nach rechts)

- Traditionell im Kreise der Familie auf Sizilien
- Abfüllen der gekochten Tomaten in die “flotte Lotte”
- Nach dem Passieren bleiben die Kerne und Häute übrig.

Ich habe ein bisschen experimentiert und bin zu dem Schluss gekommen, dass man bei der klassischen Tomatensauce der italienischen "Mamma" unbedingt das Wasser weglassen sollte. Daraus ergibt sich folgendes Rezept:

„Una purpurea meraviglia" (ein purpurrotes Wunder), so bezeichnete der italienische Schriftsteller Umberto Saba (1883-1957) seine erste Mahlzeit mit Tomatensoße.

Zweierlei Tomatenemulsion

Zutaten:

- Je 2 kg rote und gelbe (orange) Tomaten (auch) Wildtomaten
- Je eine gehäutete Zwiebel
- Je eine Knoblauchzehe
- Je einige Zweige Basilikum
- Salz und Pfeffer
- Olivenöl

Zubereitung:

- Den Boden von 2 Töpfen mit Olivenöl bedecken. Die roten und die gelben Tomaten getrennt mit je einer Zwiebel, 1 Knoblauchzehe, einigen Zweigen Basilikum zubereiten, nach Belieben salzen und pfeffern. Die Tomaten jeweils 5-10 Minuten aufkochen bis alles zusamengefallen ist.
- Die Masse abseien, Basilikum entnehmen, die Tomaten pürieren, durch ein Sieb (flotte Lotte) streichen, in ein schmales hohes Gefäß geben, 2-3 EL Olivenöl zugeben und die Masse ½ Minute mit dem Pürierstab aufschäumen.
- Es entsteht eine Emulsion, die man z.B. über Pasta, Quinoa, Couscous oder Reis geben kann. Getoppt wird das Geschmackserlebnis, wenn man in die heiße Emulsion kurz vor dem Servieren eine Handvoll Wildtomaten gibt, die dann beim Verzehren im Mund zerplatzen.
- Die abgeseite Tomatenflüssigkeit ist Grundlage für weitere Gerichte! Also vorläufig kühl stellen oder heiß in Flaschen füllen und aufheben.

▼ Basilikum dazugeben und anschließend einige Minuten köcheln lassen.

fastfood - schnell, einfach, gut

▼ Abgefüllte Tomatenflüssigkeit als Grundlage für weitere Gerichte

Geeister Tomatenschaum in Tomatensüppchen

Zutaten für 4 Personen:

- 1L Tomatenflüssigkeit (siehe Vorderseite)
- 100 ml Sahne

Zubereitung:

- DieTomatenflüssigkeit ist im Grunde schon eine fertig gewürzte Tomatensuppe. Aus einem Teil kann ein geeister Tomatenschaum hergestellt werden. Man rührt in 400 ml kaltes Tomatenwasser 100 ml flüssige Sahne, schäumt mit dem Pürierstab die Flüssigkeit auf, füllt sie in ein flaches Gefäß und friert die Masse ein. Zerteilt wird der geeiste Tomatenschaum mit einem in heißes Wasser getauchten Messer.
- Serviert wird schließlich die heiße Suppe mit einem Stückchen geeisten Tomatenschaum.

Asiatische Tomatensuppe mit Garnelen

Zutaten für 4 Personen:

▼ Tomatenconcassée bildet die Grundlage für die Suppe.

- 1 kg Tomatenconcassée
- 1 klein geschnittene rote Zwiebel
- 1 zerdrückte Knoblauchzehe
- 1 Bulbus Zitronengras ohne grüne Anteile, fein geschnitten
- 2-3 Blätter der Kaffir-Limette hauchfein geschnitten
- 3 Basilikumzweige
- Salz, Pfeffer, Zucker, Chili
- Garnelen nach Belieben
- Olivenöl

Zubereitung:

- Concassée mit Zwiebel, Knoblauch, Zitronengras, Limettenblättern und den ganzen Basilikumzweigen aufkochen, 5 Minuten köcheln lassen, Basilikum entnehmen, die Masse pürieren und durch ein Sieb streichen, mit Salz, Pfeffer, wenig Zucker und Chili nach Belieben abschmecken.
- Die Garnelen in Olivenöl kurz von beiden Seiten anrösten, eventuell auf einen Spieß fädeln und zur warmen Suppe servieren.

▲ Mit dem Verzehr frisch eingelegter Tomaten sollte 3 bis 4 Wochen gewartet werden. Bis dahin haben sich die Aromen der Gewürze entsprechend entfalten können und die Tomaten haben den richtigen Biss.

Eingelegte Tomaten

Zutaten:

- Getrocknete Tomatenscheiben oder -viertel
- Olivenöl
- 3 ganze Knoblauchzehen
- 1 Porreestange in Streifen geschnitten
- Frisches Basilikum
- Salz, Pfeffer oder 1 getrocknete Pepperoncino

Zubereitung:

Alle Zutaten werden abwechselnd in ein großes Gefäß geschichtet und mit Olivenöl übergossen, so dass sie vollkommen bedeckt sind. Die eingelegten Tomaten werden mit der Zeit im Olivenöl wieder etwas weicher. Es empfiehlt sich, 3-4 Wochen mit dem Verzehr zu warten.

Tomatengratin

Zutaten für 4 Personen:

- 800 g möglichst bunte Fleischtomaten
- 100 g Semmelbrösel
- 2 Knoblauchzehen, gepresst
- 100 g geriebener Parmesan
- Olivenöl
- Oregano, Basilikum, Salz, Pfeffer

Zubereitung:

Die Fleischtomaten häuten, in Scheiben schneiden, in eine Auflaufform schichten, mit etwas Olivenöl beträufeln und leicht salzen. Semmelbrösel, Parmesan, Knoblauch und die übrigen Gewürze miteinander vermengen und über die Tomaten verteilen. Das Gratin bei 220°C auf der mittleren Schiebeleiste 15 Minuten überbacken, bis der Käse geschmolzen und die Oberfläche hellbraun ist.

Tomatenbrötchen

Zutaten für 4 Personen:

- 40 g Hefe
- 350 ml Wasser
- 450 g Weizenvollkornmehl oder Hartweizen
- 20 g Meersalz oder 15 g Steinsalz
- 2 EL getrocknete, klein geschnittene Tomaten
- Körnermischung: Pinienkerne, Kürbiskerne, gehackte Nüsse, Sesam, Sonnenblumenkerne

Zubereitung:

Die Hefe im warmen Wasser auflösen, Mehl vermischt mit Salz und den getrockneten Tomaten hinzugeben und den Teig in der Küchenmaschine auf höchster Stufe 10 bis 15 Minuten kräftig kneten, bis er eine zusammenhängende Masse ergibt und nicht mehr am Schüsselrand kleben bleibt. (Statt Weizenvollkornmehl können Sie den leicht nussigen Hartweizen probieren.) Mit feuchten Händen Brötchen formen, diese einseitig in die Körnermischung tauchen und auf ein mit Backpapier ausgelegtes Backblech setzen. Die Brötchen werden sofort in den auf 220°C vorgeheizten Backofen gegeben und 30 bis 40 Minuten gebacken.

Brotaufstrich mit getrockneten Tomaten

Zutaten für 4 Personen:

- 200 g Feta
- 150 g Kräuterfrischkäse
- 2 EL Olivenöl
- Pfeffer oder scharfes Olivenöl
- 3 EL getrocknete, sehr fein geschnittene Tomaten, wahlweise Tomatenpulver oder 3 EL abgetropftes Tomatenconcassé

Zubereitung:

Alle Zutaten gut miteinander vermischen und gekühlt aufbewahren. Dieser Brotaufstrich passt hervorragend zu den Vollkornbrötchen und in ausgehöhlte Tomaten.

Gefüllte Tomaten

Zutaten für 4 Personen:

- 8 mittelgroße Tomaten
- 2 gepresste Knoblauchzehen
- 60 g geriebener Parmesan
- 60 g Semmelbrösel
- 2 EL Olivenöl
- Salz und Pfeffer
- Gehackte Petersilie/Rucola

Zubereitung:

Den Tomaten einen Deckel abschneiden, aushöhlen und innen leicht salzen. Alle übrigen Zutaten miteinander vermischen und die Tomaten mit der Mischung füllen. Auf der mittleren Schiebeleiste bei 220°C die gefüllten Tomaten 10 Minuten backen.

Blätterteighäppchen

Zutaten für 4 Personen:

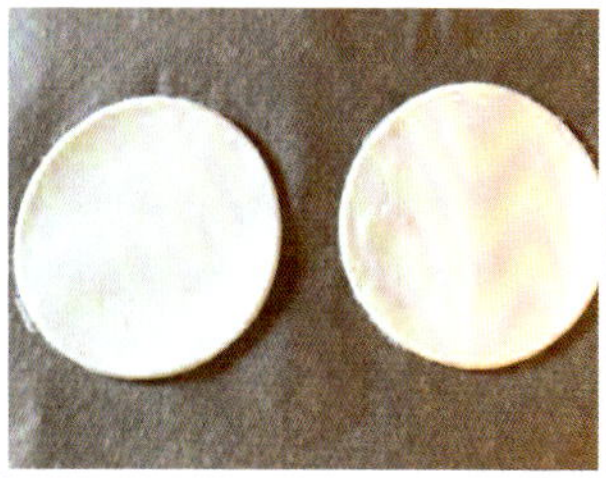

- Scheiben verschiedener gehäuteter Fleischtomaten
- Fertiger Blätterteig
- 100 g Feta
- 2-3 EL Milch
- Basilikum fein geschnitten
- Rucola fein geschnitten
- Knoblauch
- Olivenöl

Zubereitung:

- Aus dem Blätterteig beliebige Formen ausschneiden (hier mithilfe eines Servierringes).
- Feta mit Milch verrühren und fein geschnittenes Basilikum zufügen.
- Die Creme auf den Blätterteig streichen (Ränder nicht mit bestreichen), Tomatenscheibe auflegen, bei 180 °C 20 Minuten backen (Ränder müssen braun werden).
- Knoblauch fein hacken, in Olivenöl rösten, vom Herd nehmen.
- Basilikum und/oder Rucola zum Olivenöl geben, auf fertig gebackene Küchlein verteilen.
- Alternativ zur Tomatenscheibe können Wildtomaten zum Einsatz kommen.

slowfood - aufwändigere Zubereitung

Tomatentarte

Zutaten für 4 Personen:

Teig:
- 150 g Vollkornmehl
- 75 g Butter
- 3-4 EL kaltes Wasser
- ¼ TL Salz
- Muskat

Füllung:
- 50 g Crème Fraîche
- 2 EL Olivenöl
- 7-8 saftarme Tomaten
- 50 g Nüsse
- 50 g geriebener Parmesan
- Oregano und Basilikum
- Salz und Pfeffer

Zubereitung:

- Alle Zutaten für den Teig zusammen kneten. Den Teig in einer gefetteten Springform ausrollen, die Ränder etwas hochziehen.
- Den Boden auf der mittleren Schiebeleiste 10 Minuten bei 200°C vorbacken. Er soll fest aber nicht dunkel werden.
- Den Teig mit Tomatenscheiben übereinander lappend belegen, alle übrigen Zutaten miteinander vermischen und über die Tomaten streichen.
- Die Tarte 20 bis 30 Minuten bei 200°C nochmals backen.

Gemüsetürmchen

Zutaten für 4 Personen:

- Beliebig viele verschiedene Gemüse (z.B. Hokaido-kürbis, Süßkartoffel, Zucchina, Aubergine, Sellerie-knolle, Pastinake)
- 1-2 Fleischtomaten
- Olivenöl
- Salz, Pfeffer
- Knoblauch
- Basilikum

▲ Gemüsescheiben in Olivenöl hellbraun anbraten.

Zubereitung:

- Verschiedene Gemüse mit Schale in 1 cm dicke Scheiben schneiden, mit einem Servierring gleiche Formen ausstechen, Gemüseteile beidseitig in Olivenöl hellbraun anbraten, jetzt erst mit Salz und Pfeffer würzen, aufeinanderschichten.
- Das Türmchen auf eine dicke, leicht gesalzene Tomatenscheibe setzen.
- Knoblauch in feinste Scheiben schneiden, in Olivenöl anrösten und vom Herd nehmen. Basilikum in feine Streifen schneiden, zum Knoblauch geben, über das Türmchen verteilen.
- Auch hier passt in jedem Fall eine der beiden Tomatenemulsionen.

Die Gemüsereste der Türmchen können für die Füllung der Zucchineblüten verwendet werden.

Rucola-Flan an geeistem Tomatenschaum

Zutaten für 4 Personen:

Tomatenschaum (am Vortag geeist):
- 400 ml Tomatenwasser (siehe S. 28)
- 100 ml Sahne

Flan:
- 100 ml Milch
- 150 ml Sahne
- 1 fein geschnittene, angedünstete Zwiebel
- 180 g Rucola
- 3 Eier
- 40 g fein geriebenen Parmesan
- Salz und Pfeffer
- Olivenöl
- Gehobelter Parmesan für die Deko

Zubereitung:

- Tomatenwasser mit der Sahne in einem hohen Gefäß 1 Minute aufschäumen, 1/2 Tasse mit dem Schaum beiseitestellen, den Rest in eine flache Schale gießen und ins Gefrierfach geben.
- Milch, Sahne, Zwiebel und Rucola mit dem Stabmixer fein pürieren, Eier und Parmesan einrühren, mit Salz und Pfeffer abschmecken und alles kräftig durchmischen.
- Flanförmchen einfetten, die Masse zu ¾ einfüllen, im Wasserbad bei 160°C ca. 30-40 Minuten stocken lassen.
- Die Flans aus den Formen stürzen, mit Parmesan bestreuen, etwas Tomatenschaum darüber verteilen. Den geeisten Tomatenschaum mit heißem Messer in beliebige Stücke zerteilen und zum Flan anrichten.
- Mit Rucolablättchen, und kleinen Tomaten garnieren. Hier wurden zusätzlich karamellisierte Tomaten püriert und zum Parmesan auf den Flan geschichtet.

Selleriespalten zu Tomatenconcassée

Zutaten für 4 Personen:

▲ Panieren der Selleriespalten

- 1 Sellerieknolle
- 100 g geriebener Parmesan
- 100 g Semmelbrösel
- 100 g Nussmehl (Kürbiskerne, Sonnenblumenkerne, Pinienkerne, Walnüsse)
- Salz, Pfeffer
- 1-2 Eier
- Olivenöl
- Tomatenconcassée von 5 Fleischtomaten
- 1 gehackte Knoblauchzehe
- Fein geschnittenes Basilikum

Zubereitung:

- Die Sellerieknolle vierteln, in Salzwasser nicht zu weich köcheln, abkühlen lassen, in dünne Scheiben schneiden, eventuell noch halbieren.
- Eine Panade aus Parmesan, Semmelbröseln, einem beliebigen Nuß- oder Kernmehl (ich bevorzuge Kürbiskernmehl) mischen, mit Salz und Pfeffer würzen.
- Eier verquirlen, leicht salzen
- Die Selleriespalten zuerst beidseitig mit Ei bestreichen, dann in der Panade wälzen, schließlich in Olivenöl hellbraun rösten, warm stellen.
- Tomatenconcassée mit Knoblauch und Basilikum vermischen, salzen, pfeffern, mit Olivenöl übergießen, alles vorsichtig vermengen.
- Die heißen Selleriespalten mit dem zimmerwarmen Concassée anrichten. Auch hier passt zusätzlich die Tomatenemulsion.

Tomaten mit Thunfischfüllung

▲ Nicht nur optisch ein Genuss: gehäutete Tomaten in ihrer ganzen Vielfalt

Zutaten für 4 Personen:

Zutaten für das Petersilienöl:
- 2 Hände voll Petersilie (großblättrig)
- 125 ml Olivenöl
- Zitronensaft
- Salz, Pfeffer

Zutaten für die Füllung:
- 8 gehäutete Tomaten
- 150 g Thunfisch im Saft
- 2 EL Tomatenpüree
- 3 EL Petersilienöl
- 1 Knoblauchzehe fein gehackt
- Limettensaft
- Salz, Pfeffer

Zubereitung:

- Die Petersilie mit heißem Wasser übergießen, kurz ziehen lassen, abseihen und im Sieb kalt übergießen.
  Petersilie ausdrücken, mit 125 ml Olivenöl und etwas Zitronensaft in ein hohes Gefäß geben, pürieren, mit Salz und Pfeffer abschmecken.
- Den abgetropften Thunfisch mit Tomatenpüree, Petersilienöl und Knoblauch vermengen und alles mit dem Pürierstab zerkleinern. (Eventuell noch Petersilienöl zugeben). Die Masse mit Limettensaft, Salz und Pfeffer abschmecken.
- Von den gehäuteten Tomaten einen Deckel abschneiden, aushöhlen, etwas salzen, mit der Thunfischmasse füllen, im Petersilienöl als Vorspeise/Zwischengang mit Brot servieren.

Gefüllte Zucchineblüten in Tomatenemulsion

Zutaten für 4 Personen:

- Pro Person 3-4 männliche Zucchineblüten
- 300-400 ml Tomatenemulsion (siehe S. 29)
- 3 Steinpilze (alternativ beliebige andere Pilze)
- 1 kleine Zucchina oder anderes Gemüse
- 1 rote Zwiebel
- 50 g Pinienkerne (Walnusskerne)
- 50 g geriebener Parmesan
- 50 g Feta (Ricotta)
- Fein geschnittenes Basilikum und/oder Rucola
- Olivenöl
- Salz, Pfeffer

Zubereitung:

- männliche Zucchineblüten (diese bringen keine Früchte hervor) mit Stiel zeitnah ernten (morgens sind sie am schönsten geöffnet), Geschlechtsorgane entfernen.
- Für die Füllung die Zucchina (oder anderes Gemüse), die Steinpilze und die Zwiebel würfeln und in Olivenöl hellbraun rösten, Pinienkerne (Walnusskerne) anrösten, alles mit Parmesan, Feta, Basilikum und/oder Rucola vermischen sowie mit Salz und Pfeffer abschmecken.
- Die Masse in kleinen Portionen in die Zucchineblüten füllen, Blütenblätter schließen, auf dem Kopf kurz in heißem Öl anbräunen und damit verschließen.
- Die Blüten in Tomatenemulsion oder klassischer Tomatensauce 5-10 Minuten köcheln, dabei möglichst nicht untertauchen.
- Nach Belieben als Gemüsebeilage servieren.

Auberginenröllchen an Tomatenconcassée

▲ Auberginenrolle angerichtet an Tomatenconcassée

Zutaten für 4 Personen:

- 2-3 Auberginen
- Olivenöl
- 100 ml Sahne
- 150 g Kräuterfrischkäse
- Pro Auberginenscheibe 1 dünne Scheibe Parmaschinken (wahlweise)
- Tomatensauce von 600 g Tomaten
- Tomatenconcassée von 5 mittelgroßen Tomaten
- Basilikum
- Salz und Pfeffer

Zubereitung:

- Die Auberginen der Länge nach in 1 cm dicke Scheiben schneiden und in Olivenöl anbraten. Auf einem Küchenkrepp, besser einem Baumwolltuch, das überschüssige Olivenöl absaugen.
- Parmaschinken, Kräuterfrischkäse und Basilikum auf den Auberginen verteilen. Diese aufrollen, mit einem Zahnstocher fixieren und in die Pfanne geben.

- Die Tomatensauce salzen und schärfen, mit Sahne und gehacktem Basilikum vermischen, über die Auberginen geben und zusammen solange aufkochen, bis die Röllchen heiß sind.
- Das Tomatenconcassée mit Salz, Pfeffer, Basilikum und Olivenöl abschmecken und kalt dazu servieren.
- Mit etwas Brot zum Dippen kann dieses Gericht ohne Weiteres „solo" gegessen werden.

Hähnchen auf Schmortomaten zu Tomatencouscous

Zutaten für 4 Personen:

- 1 Hähnchen (Freilandhaltung)
- Ca. 1,5 kg Tomatenstücke (Concassée)
- 10 Basilikumzweige, 2 Knoblauchknollen ungeschält
- Etwas Fruchtessig (hier Erdbeeressig)
- Olivenöl, Salz, Pfeffer
- 150 g Couscous
- 200 g Tomatenconcassée (gehäutete Tomaten)
- 200 ml Tomatenwasser, alternativ Gemüsebrühe, oder auch halb und halb
- Butter und Olivenöl

Zubereitung:

- Tomatenstücke mit den Blättern von 2 Basilikumzweigen und den gesamten Knoblauchzehen in der Haut in eine große Kasserolle geben, in die auch das Hähnchen passen würde.
  Alles etwas salzen und pfeffern, mit Olivenöl übergießen und einem Spritzer Essig abschmecken.
- Die Masse mit den Händen vermischen, nun das Hähnchen mit den öligen Händen einreiben und etwas salzen, den Bauch mit den restlichen Basilikumzweigen füllen und auf ein Rost im Backofen legen. Die Kasserolle exakt darunter stellen und bei 190 °C eine bis eineinhalb Stunden garen.
- Den Couscous mit heißer Brühe (Tomatenwasser) übergießen, 30 Minuten quellen lassen und anschließend mit dem Tomatenconcassée vermengen.
- Den Boden einer Bratpfanne mit einem Gemisch aus Butter und Olivenöl bedecken, den Couscous nacheinander in 2 Portionen in der Pfanne gleichmäßig verteilen und jeweils von beiden Seiten hellbraun anrösten. Das Wenden kann man mit einem großen Deckel bewerkstelligen oder aber die Couscousplatte mehrfach teilen.
- Das Hähnchen mit dem Tomatengemüse und den Couscousschnitzeln anrichten.

Kalbsleber zu sizilianischem Bohnen-Tomaten-Püree

Zutaten für 4 Personen:

Zutaten für das Bohnenmus:
- 300 g Bohnenkerne (am liebsten frische)
- 1 Gemüsezwiebel fein gehackt
- Tomatenwasser (siehe Seite 28)
- 2 TL Fenchelsamen
- Pfeffer, Salz

Zutaten für die Leber:
- 4 Portionen Kalbsleber
- 2 Gemüsezwiebeln in Streifen geschnitten
- Olivenöl
- Samen vom wilden Fenchel
- Anislikör

Zutaten für die karamellisierten Tomaten:
- Wildtomaten
- etwas Puderzucker

Zubereitung:

- Bohnen in Tomatenwasser mit der Zwiebel und dem Fenchelsamen weichkochen. Die Bohnen kräftig salzen und im Tomatenwasser pürieren, noch einmal mit Salz und Pfeffer abschmecken.
- Zwiebelstreifen in Olivenöl anrösten, die Kalbsleber beidseitig in Olivenöl mit einem Schuss Anislikör je 2 Minuten bräunen.
- Die Kalbsleber mit Zwiebeln und Bohnenmus servieren. Dazu passen karamellisierte Wildtomaten: Halbierte Wildtomaten auf der Haut auf ein Backpapier legen, mit Puderzucker bestäuben, im Backofen bei 190°C etwa 15 Minuten leicht rösten, eventuell den Grill dazuschalten.
- Als Alternative zur Leber kann man gegrillte, sizilianisch gewürzte Salsicce-Würstchen servieren (Gibt's beim Italiener).

Dorade in Tomatenessenz

Zutaten für 4 Personen:

- 4 Doraden (alternativ Seebarsch)
- 500 g Tomatenconcassée
- ½ L Tomatenwasser (siehe Seite 28)
- 5 Lauchzwiebeln
- 1 Stange Zitronengras (alternativ Limettensaft)
- Frischer Thymianzweig
- Salz und Pfeffer

Zubereitung:

- Die Fische ausnehmen, innen und außen je nach Geschmack salzen, pfeffern und mit dem Thymianzweig füllen. Auf der Bauchseite in eine feuerfeste Form geben und das Tomatenwasser angießen.
- Die Lauchzwiebeln und das Zitronengras in feine Streifen schneiden und mit dem Tomatenconcassée zwischen den Fischen verteilen.
- Bei 220°C im Backofen werden die Fische 30 bis 45 Minuten gegart, je nach Größe der Tiere. Das Fleisch darf nicht zu trocken werden, muss sich aber leicht von den Gräten lösen lassen.

Wildtomaten

Zum Aufbau der Sortenbeschreibungen

- In den Beschreibungen werden die Fruchtgrößen der Wildtomaten mit Hilfe von Bezeichnungen aus der Bekleidungsindustrie miteinander verglichen: XXS, XS, S, M, L, XL, XXL
- Standort: Alle hier vorgestellten Wildtomaten sind freilandtauglich.
- Die Gewichtsangaben sind das Ergebnis biologischen Gärtnerns ohne Verwendung von Mineraldüngern.
- Die zeitlichen Ernteangaben beziehen sich auf das Klima in der Köln-Bonner Bucht:
  früh = ca. Mitte Juli
  mittelfrüh = ab Ende Juli
  mittelspät = Anfang/Mitte August
  spät = ab Ende August

´Aurantiacum`

süß-fruchtig

Frucht: Wildtomate (L), gelborange, mit Spitze, platzfest, saftig
Geschmack: süß-fruchtig, obstartig, wenig Säure
Pflanze: hoch wachsend, bis 250 cm, schlanker Wuchs, normalblättrig
Ertrag: viele Blütenstände verzweigt mit Massen von Früchten, bis 12 g, früh bis spät
Verwendung: Naschfrucht, Salat, Trocknen, Garnieren
Besonderheiten: Im Vergleich mit den meisten anderen Wildtomaten sind die massenhaft gebildeten, süßen Früchte dieser Sorte mit einem Gewicht von 12 g recht groß. Sie besitzt eine mittlere Pilzresistenz.

´Bolivianische Gelbe`

süß-würzig

Frucht: Wildtomate (M), gelb, leicht gekerbt, saftig, platzfest
Geschmack: süß-würzig, kontrastreich, wenig Säure
Pflanze: hoch wachsend, bis 200 cm, normalblättrig, mittlere Verzweigung
Ertrag: Blütenstände wenig verzweigt, mittlerer Ertrag, bis 8 g, mittelfrüh bis zum Frost
Verwendung: Naschfrucht, Salat, Trocknen, Garnieren
Besonderheiten: Eine gute Pilzresistenz in Verbindung mit einem tollen Aroma sind die Vorzüge dieser Sorte.

süß-fruchtig

´Broad Ripple Yellow Currant`

Frucht: Wildtomate (S), gelb, rund, knackig,
Geschmack: fruchtig mit deutlichem Zuckeranteil, säurearm
Pflanze: hoch und unbegrenzt wachsend, kräftiges Wachstum, mehrtriebig ziehen
Ertrag: Massen von Blütenständen mit bis zu 12 Blüten, bis 4 g, früh
Verwendung: Naschfrucht, Sauce, Trocknen, Dekoration
Besonderheiten: Bei dieser Wildtomate handelt es sich um eine Zufallsentdeckung im Jahre 1884 in Indianapolis. Sie ist ausgesprochen pilztolerant.

würzig-aromatisch

´Columbianum`

Frucht: Wildtomate (M), rot, meist leicht zugespitzt, feste Schale, platzfest
Geschmack: ausgesprochen würzig-aromatisch mit etwas Süße
Pflanze: hoch und unbegrenzt wachsend, kräftiger Wuchs, stark verzweigend
Ertrag: viele verzweigte Blütenstände mit unzähligen Blüten, bis 12 g, mittelfrüh
Verwendung: Naschfrucht, Sauce, Trocknen, Dekoration
Besonderheiten: Die ´Columbianum` ist eine sehr robuste Wildtomate, deren Früchte lange haltbar sind. Sie stammt möglicherweise aus Kolumbien.

´Currant Sweet Pea`

würzig-aromatisch

Frucht: Wildtomate (S), rot, saftig, platzfest
Geschmack: konzentriert würzig-aromatisch mit etwas Säure
Pflanze: hoch und unbegrenzt wachsend, kleines Blatt, starke Verzweigung
Ertrag: Blütenstände mit mehr als 20 Früchten, hoher Ertrag, bis 4 g, früh bis zum Frost
Verwendung: Naschfrucht, Salat, Trocknen, Garnieren
Besonderheiten: Ihre gute Pilzresistenz ermöglicht bedenkenlos eine Kultur im Freiland. Im Erdreich ausgepflanzt ist der Wuchs mit seinen Verzweigungen kaum zu bändigen.

´Goldperle`

süß-fruchtig

Frucht: Cocktailtomate (XS), ähnlich einer Wildtomate, goldgelb
Geschmack: fein süßfruchtig
Pflanze: hoch wachsend, bis 220 cm, stark verzweigend, dünne Triebe, pilztolerant
Ertrag: Massen von Rispen mit vielen Früchten, bis 1 g, mittelfrüh bis zum Frost
Verwendung: Naschfrucht, Salat, Garnieren, Trocknen
Besonderheiten: Es handelt sich hierbei um eine unglaublich produktive Sorte, die sehr eng mit einer usprünglichen Wildtomate verwandt ist. Sie sollte nicht entgeizt werden.

würzig-aromatisch

´Humboldtii`

Frucht: Wildtomate (L), lachsrot, feste Schale, ausgesprochen platzfest
Geschmack: würzig-tomatig, typisches Wildtomatenaroma
Pflanze: hoch und unbegrenzt wachsend, dunkles Laub, sehr gesundes Wachstum
Ertrag: Massen von Blütenständen mit unzähligen Blüten, bis 15 g, mittelfrüh
Verwendung: Naschfrucht, Sauce, Trocknen
Besonderheiten: Die sehr pilztolerante ´Humboldtii` neigt zu starker Verzweigung. Sie kann aber beliebig begrenzt werden. Im Jahre 1800 entdeckte sie Alexander von Humboldt an einem See in Venezuela.

süß-aromatisch

´Indianertomate`

Frucht: Wildtomate (S), rot, knackig, platzfest
Geschmack: perfektes Wildtomatenaroma mit später Süße
Pflanze: hoch und unbegrenzt wachsend, stark verzweigend, kaum zu bändigen
Ertrag: Unmengen von Blütenständen mit bis zu 20 Blüten, bis 4 g, mittelfrüh
Verwendung: Naschfrucht, Sauce, Trocknen
Besonderheiten: Die ´Indianertomate` bringt gefühlt 1000 Früchte hervor. Eine Sauce daraus ist kaum zu überbieten. Nicht aufgebunden hat sie einen Platzbedarf von 2-3 m^2. Mein Wildtomatenfavorit!

´Johannisbeertomate Gelb`

Frucht: Cocktailtomate (XXS), gelb, winzig wie eine Johannisbeere, ziemlich platzfest, knackig
Geschmack: verdichtet süß-aromatisch
Pflanze: hoch wachsend, bis 180 cm, stark verzweigt, pilztolerant, muss kaum entgeizt werden
Ertrag: unzählige Früchte, bis 1 g, mittelfrüh bis zum Frost
Verwendung: Naschfrucht, Salat, Trocknen, Garnieren
Besonderheiten: Verhalten und Geschmack erinnern an Wildtomaten. Möglicherweise handelt es sich ursprünglich um eine Wildsorte, die in den USA in Kultur genommen wurde.

süß-aromatisch

´Johannisbeertomate Rot`

Frucht: Cocktailtomate (XXS), rot, wie eine Johannisbeere, nicht ganz platzfest, relativ feste Schale
Geschmack: nachhaltig würzig aromatisch, Urtomatengeschmack
Pflanze: hoch wachsend, bis 180 cm, schlanker Wuchs, nicht entgeizen, robust, zartes Laub, früher Blattabwurf
Ertrag: unzählige Früchte, bis 1 g, mittelfrüh bis zum Frost
Verwendung: Naschfrucht, Salat, Trocknen, Garnieren
Besonderheiten: Möglicherweise handelt es sich hierbei um eine Wildsorte, an der die Früchte trotz Blattabwurf weiter reifen.

würzig-aromatisch

süß-aromatisch

'Kinesisk`

Frucht: Wildtomate (M), gelb-orange, nicht ganz platzfest
Geschmack: überraschend süß-aromatisch mit angenehmer Säure
Pflanze: hoch und unbegrenzt wachsend, sehr stark verzweigt, kleinblättrig
Ertrag: Unmengen von Blütenständen mit 12-18 Früchten, hoher Ertrag, bis 8 g, früh bis zum Frost
Verwendung: Naschfrucht, Salat, Trocknen, Garnieren
Besonderheiten: Aufgrund ihrer mittleren Pilzresistenz, ist diese kaum zu bändigende Sorte ebenfalls für die Freilandkultur geeignet. Sie hat sich als unglaublich produktiv erwiesen.

mild-würzig

Lycopersicon americanum

Frucht: Wildtomate (L), goldgelb, saftig, nicht ganz platzfest
Geschmack: mild-würzig, verhalten aromatisch mit etwas Säure
Pflanze: hoch wachsend, bis 180 cm, normalblättrig, mittlere Verzweigung,
Ertrag: verzweigte Blütenstände mit mehr als 20 Früchten, mittlerer Ertrag, bis 12 g, früh bis spät
Verwendung: Naschfrucht, Salat, Trocknen, Garnieren
Besonderheiten: Im Gegensatz zu den meisten anderen Wildtomaten ist diese Sorte gut zu händeln. Sie wird nicht ganz so riesig. Sie besitzt eine mittlere Pilzresistenz.

Lycopersicon pennellii

undefinierbar

Frucht: Wildtomate (M), grün, klebrig, behaart
Geschmack: undefinierbar, nicht tomatig
Pflanze: mittelhoch wachsend, bis 160 cm, kaum verzweigend, zartes Wachstum, außergewöhnlich fleischige Blätter, alle Pflanzenteile klebrig
Ertrag: bis zu 20 Blütenstände mit 6-8 Blüten, mittelspät
Verwendung: reine Zierpflanze
Besonderheiten: Für Liebhaber außergewöhnlicher Pflanzen ist die *L. pennellii* aus den Anden wegen ihrer wunderschönen Blüten und des abweichenden Habitus empfehlenswert.

Lycopersicon pimpinellifolium ´Bullosa`

süß-würzig

Frucht: Wildtomate (S), rot, platzfest
Geschmack: intensiv süß-würzig-aromatisch mit passender Säure
Pflanze: hoch und unbegrenzt wachsend, normalblättrig, stark verzweigend
Ertrag: verzweigte Blütenstände mit 30-40 Früchten, sehr guter Ertrag, bis 4 g, früh bis zum Frost
Verwendung: Naschfrucht, Salat, Trocknen, Garnieren
Besonderheiten: Hierbei handelt es sich um einen freilandtauglichen Massenträger mit sehr guter Pilztoleranz kombiniert mit einem perfekten Aroma.

süß-fruchtig

´Matt's Wild Cherry`

Frucht: Wildtomate (S), rot, rundlich, saftig, platzfest
Geschmack: süß-fruchtig mit passender Säure
Pflanze: hoch und unbegrenzt wachsend, normalblättrig, stark verzweigend
Ertrag: verzweigte Blütenstände mit 10-15 Früchten, Massenträger, bis 3 g, früh bis zum Frost
Verwendung: Naschfrucht, Salat, Trocknen, Garnieren
Besonderheiten: Diese Sorte wächst wild in Mexiko. Von dort gelangte sie in die USA, wo sie den Namen erhielt. Sie zeichnet sich durch ihre süßen Früchte und die hohe Widerstandsfähigkeit gegen die Kraut- und Braunfäule aus.

süß-aromatisch

´Ribesoides`

Frucht: Wildtomate (S), dunkelrot, platzfest
Geschmack: typisches Wildtomatenaroma mit etwas Süße
Pflanze: sehr hoch und unbegrenzt wachsend, stark verzweigend, pilztolerant
Ertrag: Massen von Blütenständen mit bis zu 50 Blüten, bis 5 g, früher Erntebeginn
Verwendung: Naschfrucht, Dekoration, Sauce, Trocknen, Frischverzehr
Besonderheiten: ´Ribesoides` ist eine witterungsunabhängige Wildtomate mit langer Ernteperiode und unzähligen Früchten.

´Urtomate Kanaren`

würzig-aromatisch

Frucht: Wildtomate (XS), rot, knackige Schale, platzfest
Geschmack: würzig-aromatisch, intensives Tomatenaroma, typischer Urtomatengeschmack
Pflanze: hoch wachsend, bis 200 cm, kleinblättrig, stark verzweigt
Ertrag: verzweigte Blütenstände mit 20-30 Früchten, hoher Ertrag, bis 2 g, früh bis zum Frost
Verwendung: Naschfrucht, Salat, Trocknen, Garnieren
Besonderheiten: In Vollreife fallen die sehr kleinen Früchte nicht ab, sondern verbleiben an der Pflanze. Ihre sehr gute Pilzresistenz ermöglicht eine erfolgreiche Freilandkultur.

´Waimea Wild Cherry`

süß-fruchtig

Frucht: Wildtomate (S), scharlachrot, platzfest,
Geschmack: kein typisches Wildtomatenaroma sondern süß-fruchtig, saftig
Pflanze: sehr hoch und unbegrenzt wachsend, mittelstark verzweigend, mittelfrüh
Ertrag: unzählige Blütenstände mit bis zu 20 Blüten, bis 5 g, früh bis spät
Verwendung: Naschfrucht, Dekoration, Sauce, Trocknen, Frischverzehr
Besonderheiten: David Oshiro entdeckte diese wildwachsende Tomate auf seiner Farm auf Hawai und stellte sie beim Tomato-Fest in Kalifornien vor.

süß-aromatisch

´White Currant`

Frucht: Wildtomate (M), cremeweiß bis hellgelb, weiche Schale
Geschmack: hervorragend süß-aromatisch, sehr saftig, kaum Säure
Pflanze: hochwachsend, bis 200 cm, mittelstark verzweigend, lange pilztolerant
Ertrag: unzählige Blütenstände mit bis zu 6 Blüten, bis 8 g, früher Erntebeginn
Verwendung: Kindernaschfrucht, Dekoration, Trocknen, Frischverzehr
Besonderheiten: Die ´White Currant` ist die süßeste Wildtomate, die mir bisher begegnet ist, und das gilt auch für Schlechtwetterperioden.

würzig-aromatisch

´Wildtomate El Salvador`

Frucht: Wildtomate (XL), kleine Flaschenform, rot, wenig saftig, platzfest
Geschmack: mild-aromatisch-würzig, etwas Säure
Pflanze: sehr hoch wachsend, bis 300 cm, normalblättrig, mittlere Verzweigung
Ertrag: Blütenstände nicht verzweigt, mittlerer Ertrag, bis 30 g, früh bis zum Frost
Verwendung: Naschfrucht, Salat, Trocknen, Garnieren, Einlegen
Besonderheiten: Hierbei handelt es sich um eine der größten Wildtomaten, die sich zudem durch eine außergewöhnliche Fruchtform auszeichnet. Sie besitzt eine gute Pilzresistenz.

´Wildtomate Filz` / (*Lycopersicon pubescens*)

mild-aromatisch

Frucht: Wildtomate (XL), sehr unterschiedliche Größen, rosarot, behaart, platzfest
Geschmack: mild-aromatisch, wohlschmeckend, bei Überreife mehlig
Pflanze: hoch wachsend, bis 180 cm, dunkles und großes Laub, schlanker Wuchs, wenig verzweigend
Ertrag: Blütenstände mit 5-8 Früchten, guter Ertrag, bis 30 g, mittelfrüh bis spät
Verwendung: Naschfrucht, Salat, Trocknen, Garnieren
Besonderheiten: Die teilweise miteinander verwachsenen Früchte können unterschiedlich groß werden. Schlechte Pilzresistenz!

´Wildtomate Gelb`

süß-fruchtig

Frucht: Wildtomate (L), gelb, platzfest
Geschmack: fruchtig-süß-aromatisch mit geringem Säureanteil
Pflanze: hoch und unbegrenzt wachsend, normalblättrig, stark verzweigend
Ertrag: verzweigte Blütenstände mit 14-20 Früchten, mittlerer Ertrag, bis 12 g, früh bis spät
Verwendung: Naschfrucht, Salat, Trocknen, Garnieren
Besonderheiten: Die vollreifen Früchte bleiben lange an der Pflanze hängen. Aufgrund der sehr guten Pilzresistenz kann sie mit gutem Erfolg im Freiland angebaut werden.

süß-aromatisch

´Wildtomate Gelbe Eier`

Frucht: Wildtomate (L), orange, eiförmig mit Spitze, nicht ganz platzfest
Geschmack: überaus süß-aromatisch mit geringem Säureanteil
Pflanze: hoch wachsend, bis 180 cm, normalblättrig, kräftiges Laub
Ertrag: Blütenstände mit bis zu 20 Früchten, guter Ertrag, bis 12 g, früh bis spät
Verwendung: Naschfrucht, Salat, Trocknen, Garnieren
Besonderheiten: Für Wildtomaten-Verhältnisse zählen ihre leuchtenden Früchte bereits zu den größeren Vertretern. Diese Sorte besitzt eine gute Pilzresistenz.

süß-würzig

´Wildtomate La Palma`

Frucht: Wildtomate (L), rot, knackig, saftig, platzfest
Geschmack: perfekt würzig-süß-aromatisch mit ausgewogenem Säureanteil
Pflanze: hoch wachsend, bis 220 cm, normalblättrig, starke Verzweigung
Ertrag: Blütenstände mit 10-14 Früchten, hoher Ertrag, bis 12 g, mittelfrüh bis zum Frost
Verwendung: Naschfrucht, Salat, Trocknen, Garnieren
Besonderheiten: In den Schluchten La Palmas kann sie Monate ohne Wasser auskommen. Die Früchte bleiben lange am Strauch. Beste Pilzresistenz!

´Wildtomate Lanzarote`

würzig-aromatisch

Frucht: Wildtomate (L), rot, leicht gekerbt, platzfest, bei Überreife mehlig
Geschmack: fein-würzig-aromatisch mit etwas Säure
Pflanze: hoch wachsend, bis 250 cm, normalblättrig, mittlere Verzweigung
Ertrag: Blütenstände mit 9-12 Früchten, mittlerer Ertrag, bis 12 g, mittelfrüh bis zum Frost
Verwendung: Naschfrucht, Salat, Trocknen, Garnieren
Besonderheiten: Diese Sorte ist ebenfalls nicht so winzig wie viele Wildtomaten. Wegen ihrer mittleren Pilzresistenz kann es zum Ende der Saison zu einem Befall mit Kraut- und Braunfäule kommen.

´Wildtomate Orange`

süß-aromatisch

Frucht: Größe M, gelb-orange, platzfest
Geschmack: zurückhaltend süß-aromatisch mit wenig Säure
Pflanze: hoch wachsend, bis 180 cm, zartblättrig, verzweigt
Ertrag: Blütenstände mit 12-15 Früchten, guter Ertrag, bis 8 g, sehr früh bis mittelspät
Verwendung: Naschfrucht, Salat, Trocknen, Garnieren
Besonderheiten: Die vollreifen Früchte fallen teilweise ab. Sie zeichnet sich durch eine mittlere Pilzresistenz aus, weshalb ein Befall mit der Kraut- und Braunfäule zum Ende der Saison möglich ist.

würzig-aromatisch

´Wildtomate Peru`

Frucht: Wildtomate (M), rosarot, ziemlich platzfest
Geschmack: würzig-aromatisch mit Zucker- und Säureanteil
Pflanze: hoch und unbegrenzt wachsend, kleinblättrig, nicht so stark verzweigt
Ertrag: Blütenstände mit 10-14 Früchten, mittlerer Ertrag, bis 8 g, mittelfrüh bis zum Frost
Verwendung: Naschfrucht, Salat, Trocknen, Garnieren
Besonderheiten: Diese Sorte besitzt atypische Blüten für eine Wildtomate. Sie zeichnet sich durch eine gute Pilzresistenz aus.

süß-würzig

´Wildtomate Pink`

Frucht: Wildtomate (M), pinkrot, platzfest
Geschmack: delikat süßwürzig-aromatisch mit passendem Säureanteil
Pflanze: hoch wachsend, bis 200 cm, normalblättrig, schlanker Wuchs
Ertrag: Blütenstände mit 20-30 Früchten, hoher Ertrag, bis 8 g, mittelfrüh bis zum Frost
Verwendung: Naschfrucht, Salat, Trocknen, Garnieren
Besonderheiten: Die vollreifen Früchte bleiben lange hängen. Da die Sorte eine gute Pilzresistenz besitzt, kann sie mit gutem Erfolg im Freiland kultiviert werden.

´Wildtomate Tunesien`

würzig-aromatisch

Frucht: Wildtomate (L), rot, nicht ganz platzfest
Geschmack: überzeugend würzig-aromatisch mit feinem Säureanteil
Pflanze: sehr hoch wachsend, bis 250 cm, normalblättrig, nicht so stark verzweigt
Ertrag: verzweigte Blütenstände mit 30-40 Früchten, hoher Ertrag, bis 12 g, früh bis spät
Verwendung: Naschfrucht, Salat, Trocknen, Garnieren
Besonderheiten: Die Früchte dieser unglaublich produktiven Sorte bleiben lange an der Pflanze hängen. Sie besitzt eine mittlere Pilzresistenz.

´Wildtomate Venezuela`

süß-würzig

Frucht: Wildtomate (M), rot, leicht gekerbt, saftig, nicht ganz platzfest
Geschmack: aromatisch-würzig mit wenig Säure aber Zuckerdominanz
Pflanze: hoch wachsend, bis 250 cm, normalblättrig, kräftiges Blatt, starke Verzweigung
Ertrag: Blütenstände mit 8-10 Früchten, mittlerer Ertrag, bis 8 g, mittelfrüh bis zum Frost
Verwendung: Naschfrucht, Salat, Trocknen, Garnieren
Besonderheiten: Ihre Früchte sind wunderbar süß, was sie zu einer beliebten Naschfrucht macht. Mittlere Pilzresistenz!

Sorte	Frucht	Pflanze	Besonderheiten
´Cua-Tomate`	orangerote bis rote Wildtomate, zahlreiche Trauben mit 7-14 Früchten, fruchtig-tomatig, bis 3 g	hoch wachsend, bis 220 cm, mittlere Verzweigung	früh reifende, pikante Sorte, möglicherweise schon bei den Zapotec-Indianern bekannt, orangerot verzehren
´Golden Currant`	goldgelbe Wildtomate, saftig, nicht ganz platzfest, nicht mehlig werdend, bis 2 g	hoch wachsend, bis 180 cm, außergewöhnliches Laub, weniger verzweigt, zarte Pflanze	mittlere Pilzresistenz, wunderbar süß, Blätter rollen teilweise ein
´Hawaiian Currant`	rote Wildtomate, überragend süß-würzig, verzweigte Blütenstände mit bis zu 20 Früchten, Massenträger, bis 2 g	hoch wachsend, bis 200 cm, üppig verzweigend, Früchte an einer Traube reifen gleichzeitig ab, mittelfrüh	ursprünglich aus Mexiko, wächst auf Hawaii an vielen Orten wild, salztolerant, Kindernaschfrucht
Lycopersicon pimpinellifolium ´Alboviridis`	rote Wildtomate, knackige Schale, herb-aromatisch, platzfest, Blütenstände mit bis zu 20 Früchten, bis 1 g	mittelhoch wachsend, bis 160 cm, weniger verzweigend, zartes Laub, hoher Ertrag, mittelspät	außergewöhnliches Blatt, anfangs teilweise hellgelb, später mit hellen Flecken, schöne Zierpflanze
Lycopersicon pimpinellifolium ´Aridifolia`	rote Wildtomate, knackige Schale, beeindruckend süß-würzig, platzfest, Blütenstände mit 14-20 Früchten, bis 1 g	niedrig wachsend, bis zu 120 cm, wenig verzweigend, zarte Pflanze mit zartem Laub, mittelfrüh	geeignet für Kübel und als Hängepflanze, tolles Aroma, Kindernaschfrucht
Lycopersicon pimpinellifolium ´Curta`	rote Wildtomate, feste Schale, typisches Wildtomatenaroma, verzweigte Blütenstände mit 30-40 Früchten, bis 1 g	hoch wachsend, bis 170 cm, schlanker Wuchs, weniger verzweigend, sehr hoher Ertrag, mittelfrüh	als Balkontomate geeignet, muss aber aufgebunden werden, platzfest, Früchte fallen nicht ab
Lycopersicon pimpinellifolium ´Minuta`	rote Wildtomate, mittelfeste Schale, untypisch mild-aromatisch, Blütenstände mit mehr als 20 Früchten, bis 1 g	niedrig wachsend, bis 80 cm, schwacher Wuchs, zarte Pflanze mit zartem Laub, mittelfrüh, mittlerer Ertrag	besonders geeignet für die Topfkultur und als Hängepflanze
Lycopersicon pimpinellifolium ´Picta`	rote Wildtomate, knackige, feste Schale, hoch aromatisch, Blütenstände mit 18-22 Früchten, bis 1 g	mittelhoch wachsend, bis 150 cm, schwach verzweigend, zart belaubt, mittlerer Ertrag, mittelfrüh	zarte Pflanze, für Balkon geeignet, etwas aufbinden, Blätter fallen vorzeitig ab, Früchte reifen trotzdem
´Mexico Midget`	orangerote bis rote Wildtomate, Massenträger, süß-aromatisch, bis 2 g	hoch und unbegrenzt wachsend, kleines Laub, sehr üppiger Wuchs	vor 1900 bekannt, von einem LKW-Fahrer aus Mexiko nach Kalifornien importiert, allerbestes Aroma
´Phyra`	rote Wildtomate, saftig, weiche Schale, Massenträger, in Vollreife süß-aromatisch, bis 3 g	niedrig wachsend, bis zu 120 cm, wenig verzweigend, zarte Pflanze	für Balkon geeignet, ideal ebenfalls als Hängepflanze

´Cua Tomate`

´Golden Currant`

´Hawaiian Currant`

Lycop. ´Alboviridis`

Lycop. ´Curta`

Lycop. ´Minuta`

Sorte	Frucht	Pflanze	Besonderheiten
´Red Currant`	rote Wildtomate, platzfest, konzentriert würzig-aromatisch mit passender Säure, bis 3 g	hoch und unbegrenzt wachsend, kleines Laub, stark verzweigend	Aroma, wie man es von Wildtomaten erwartet, Früchte bleiben lange hängen, Massenträger
´Red Spoon`	rote Wildtomate, nicht ganz platzfest, vollendet süß-würzig mit angenehmer Säure, bis 2 g	hoch und unbegrenzt wachsend, kleines Laub, sehr üppiger Wuchs	typisches Wildtomaten-Aroma, Früchte bleiben lange hängen, sehr schöne Pflanze, gute Pilzresistenz
´Rote Murmel`	rote Wildtomate, fantastisch hocharomatisch, platzfest, bis 4 g	hoch wachsend, stark verzweigend, unglaublich produktiv, enormer Platzbedarf	Herkunft Deutschland, Testsieger in Sachen Widerstandsfähigkeit, an Zäunen ziehen
´Tess's Land Race Currant`	rote Wildtomate, saftig, Massenträger, unzählige Trauben mit bis zu 12 Früchten, süß-aromatisch, bis 2 g	hoch und unbegrenzt wachsend, sehr üppiger Wuchs	Früchte trocknen teilweise schon am Strauch, daher ideal für „Tomatenrosinen“
´Tindindogo`	gelbe Wildtomate, zahlreiche Früchte in Trauben, knackig und süß-aromatisch, bis 8 g	mittelhoch wachsend, bis 120 cm, mittlere Verzweigung, geeignet für Kübel und Balkon, sehr robust	Herkunft Kenia, als Busch für die Balkonkultur geeignet, Rarität
´Tomadose des Comores`	hellrote bis rote Wildtomate, rundlich, feste Schale, Massenträger, süß, bis 6 g	mittelhoch bis hoch wachsend, bis 220 cm	benannt nach den Comoros Islands, möglicherweise von dort über Frankreich in die USA gelangt
´Wildtomate Argentinien`	rote Wildtomate, eiförmig, Früchte platzen teilweise im Oktober, verhalten aromatisch-würzig mit etwas Säure, bis 8 g	hoch wachsend, bis 180 cm, zartes Laub, nicht so stark verzweigt	schöne und schlanke Pflanze, mittlere Pilzresistenz
´Wildtomate Galapagos`	hellrote Wildtomate, eiförmig, matte Schale, platzfest, würzig-aromatisch, etwas Säure, früh bis zum Frost, bis 12 g	hoch wachsend, bis 220 cm, normalblättrig, starke Verzweigung	gute Pilzresistenz, schöne große Früchte
´Wildtomate Lettland`	rote Wildtomate, tränenförmig, nicht ganz platzfest, intensiv süß-würzig mit etwas Säure, bis 12 g	hoch wachsend, bis 220 cm, normalblättrig, nicht so stark verzweigt	Früchte bleiben lange hängen, sehr gute Pilzresistenz
´Yellow Grape`	gelbe Wildtomate, große, verzweigte Trauben mit über 100 Früchten möglich, fruchtig-aromatisch, bis 5 g	hoch wachsend bis 220 cm und teilweise darüber hinaus, ebenfalls als Kübelpflanze geeignet	große Fruchttrauben, sehr platzfest, leicht ohne Stiel zu ernten

´Red Spoon` · ´Tess's Land Race Currant` · ´Tindindogo` · ´Wildtomate Galapagos` · ´Wildtomate Lettland` · ´Yellow Grape`

Historische Sorten

Zum Aufbau der Sortenbeschreibungen

- In den folgenden Sortenbeschreibungen wird die Größe der Früchte mit den Bezeichnungen aus der Bekleidungsindustrie angegeben:
  XXS, XS, S, M, L, XL, XXL
- Die Gewichtsangaben sind das Ergebnis biologischen Gärtnerns ohne Verwendung von Mineraldüngern.
- Die zeitlichen Ernteangaben beziehen sich auf das Klima in der Köln-Bonner Bucht:
  früh = ca. Mitte Juli
  mittelfrüh = ab Ende Juli
  mittelspät = Anfang/Mitte August
  spät = ab Ende August

süß-würzig

´1884`

Frucht: Fleischtomate (XL), rosarot, festfleischig, leicht bis stark gerippt
Geschmack: süß-würzig, feine Säure
Pflanze: hoch und schmal wachsend, bis 180 cm
Ertrag: 6 x 6-8 Blüten, Früchte bis 800 g, mittelfrüh bis spät
Verwendung: Salat, Gemüse, Brotbelag, Concassé
Standort: Gewächshaus, Freiland mit Überdachung
Besonderheiten: Im Jahre 1884 wurde diese Sorte nach einer Überschwemmung in West Virginia zwischen Trümmern entdeckt.

fruchtig-süß

´Abraham Lincoln`

Frucht: Fleischtomate (L), rot, saftig, teilweise mit angedeuteter Spitze
Geschmack: überzeugendes Zucker-Säure-Verhältnis, schmelzend
Pflanze: determiniert, unempfindlich, kräftige Pflanze, dunkles Laub
Ertrag: 5 x 5 Blüten, Früchte bis 400 g, mittelspät bis spät
Verwendung: Salat, Gemüse, Brotbelag, Concassé
Standort: Gewächshaus, Freiland möglichst mit Überdachung, Kübel
Besonderheiten: Diese historische Sorte wurde 1923 durch die Buckbee`s Seed Company/USA erstmalig vorgestellt.

fruchtig-süß

´Ailsa Craig`

Frucht: Rundtomate (M), rot, rund, saftig
Geschmack: fruchtig, süßlich, feine Säure
Pflanze: sehr hoch wachsend, bis 250 cm, schlanker Wuchs, wenig verzweigt
Ertrag: 9 x 4-6 Blüten, Früchte bis 60 g, mittelfrüh bis spät
Verwendung: Salat, Sauce, Brotbelag, Trocknen
Standort: Gewächshaus, Freiland
Besonderheiten: Benannt wurde diese historische britische Sorte (um 1900) nach einer schottischen Insel. Im Freiland hält sie der Kraut- und Braunfäule lange stand.

mild-aromatisch

´Airyleaf`

Frucht: Fleischtomate (M), rosarot, meist herzförmig, wenig Samen, saftig
Geschmack: milder Tomatengeschmack mit wenig Säure
Pflanze: sehr hoch wachsend, bis 250 cm, schlanker Wuchs, kräftiger Spross, wenig verzweigt
Ertrag: 8 x 2-6 Blüten, Früchte bis 220 g, mittelfrüh
Verwendung: Salat, Sauce, Brotbelag, Trocknen
Standort: Gewächshaus, geschütztes Freiland
Besonderheiten: Mit den Auswanderern aus dem Schwarzwald gelangte diese Sorte in die USA.

´Alicante`

würzig

Frucht: Rundtomate (M), hell- bis mittelrot, glänzend, saftig, mittelfest
Geschmack: angenehm würzig, intensives Tomatenaroma
Pflanze: mittelhoch wachsend, bis 160 cm, gesundes und dunkles Laub
Ertrag: 7 x 8 Blüten, Früchte bis 150 g, mittelfrüh
Verwendung: Salat, Sauce, Concassé, Trocknen
Standort: Gewächshaus, auch Freiland möglich
Besonderheiten: Hierbei handelt es sich um eine bereits 1910 erwähnte Sorte, die aus der Umgebung von Alicante (Spanien) stammt. Sie ist wenig pilzanfällig.

´Alice Roosevelt`

süß-aromatisch

Frucht: Rundtomate (M), weiches Fruchtfleisch, saftig, platzfest, nicht mehlig werdend
Geschmack: ansprechend mild-aromatisch, süß
Pflanze: mittelhoch wachsend, bis 180 cm, helles und zartes Laub
Ertrag: 6 x 6 Blüten, Früchte bis 100 g, mittelfrüh bis spät
Verwendung: Salat, Sauce, Gemüse, Brotauflage
Standort: Gewächshaus, durchaus freilandgeeignet
Besonderheiten: Diese aus Deutschland stammende Sorte wird erstmals 1906 im Katalog von Chrestensen/Erfurt erwähnt.

Süß-fruchtig

´Allerbest`

Frucht: Rundtomate (L), rot, unterschiedliche Größen, fleischig, fest
Geschmack: feinsüßlich, fruchtig
Pflanze: hoch wachsend, bis 180 cm, nicht zu stark verzweigt, kann mehrtriebig gezogen werden
Ertrag: 7 x 7-8 Blüten, Früchte bis 100 g, mittelfrüh bis mittelspät
Verwendung: Salat, Sauce, Gemüse, Trocknen
Standort: Gewächshaus, Freiland
Besonderheiten: Diese seltene Sorte stammt aus dem Raum München um das Jahr 1920. Ein warmer Standort ist empfehlenswert, da der Ertrag dann deutlich höher liegt.

süß-würzig

´Alter Kommunist`

Frucht: Flaschentomate (M), mit Spitze, rot, dünnschalig, dickfleischig, wenig Samen
Geschmack: würzig mit etwas Süße, saftarm, sämig
Pflanze: hoch wachsend, bis 220 cm, hängendes Laub, schlanker Wuchs
Ertrag: 8-12 Blütenstände mit 8-10 Blüten, bis 150 g, mittelfrüh bis zum Frost
Standort: Gewächshaus, Freiland mit Regenschutz
Verwendung: Sauce, Salat, Gemüse, Trocknen
Besonderheiten: Diese Sorte stammt aus der ehemaligen DDR. Sie unterscheidet sich von anderen Flaschentomaten durch den deutlichen Zuckeranteil.

´Amish Cherry`

würzig-süß

Frucht: Cocktailtomate (S), orange, rund, saftig, weiche Schale
Geschmack: süß, würzig, feine Säure
Pflanze: sehr hoch wachsend, bis 250 cm, stark verzweigt, nicht ausgeizen, wenig krankheitsanfällig
Ertrag: Massenträger, viele Trauben mit 6-8 Früchten bis 10 g, mittelfrüh bis spät
Verwendung: Salat, Sauce, Brotbelag, Trocknen
Standort: Gewächshaus, Freiland
Besonderheiten: Hierbei handelt es sich um eine historische Sorte aus Oklahoma.

´Amish Gold`

süß-würzig

Frucht: Flaschentomate (M), orange bis rot-orange, länglich, oval, samenarm, saftig
Geschmack: süß, würzig mit wenig Säure
Pflanze: sehr hoch wachsend, bis 250 cm, schlanker Wuchs, kräftiger Spross, wenig verzweigt
Ertrag: 9 x 4-8 Blüten, Früchte bis 50 g, mittelfrüh bis spät
Verwendung: Salat, Sauce, Brotbelag, Trocknen
Standort: Gewächshaus, Freiland
Besonderheiten: ´Amish Gold` ist aus einer Kreuzung der Sorten ´Amish Paste` und ´Sungold` hervorgegangen.

Süß-Würzig

´Amore Cerise`

Frucht: Cocktailtomate (M), rot, knackig, glänzende Schale, platzfest
Geschmack: süß-würzig mit etwas Säure
Pflanze: hoch wachsend, bis 200 cm, nur die ersten Geiztriebe entfernen, gesundes Laub
Ertrag: Massen von Früchten in Trauben mit bis zu 30 Früchten, bis 10 g, früh bis zum Frost
Verwendung: Salat, Garnierfrucht, Naschfrucht
Standort: Gewächshaus, Freiland
Besonderheiten: Unglaublich produktive Sorte, die der Kraut- und Braunfäule lange standhält.

süß-würzig

´Andis Cocktail`

Frucht: Cocktailtomate (M), rot, weiche Schale
Geschmack: würzig mit später Süße
Pflanze: mittelhoch wachsend, bis 160 cm, üppiges Wachstum, beliebig entgeizen
Ertrag: viele Blütenstände mit bis zu 12 Blüten, bis 15 g, mittelfrüh bis zum Frost
Standort: Gewächshaus, aber auch Freiland
Verwendung: Naschfrucht, Salat, Sauce
Besonderheiten: ´Andis Cocktail` ist ein Massenträger aus Südtirol. Man sollte sie nicht zu früh ernten.

´Anna Hermann`

mild-aromatisch

Frucht: Fleischtomate (S), zitronenförmig, hohl, bei Überreife leicht mehlig
Geschmack: mild-aromatisch mit wenig Säure
Pflanze: mittelhoch wachsend, bis 160 cm, zurückhaltend verzweigend, mehrtriebig ziehen, Früchte reifen bis in den Oktober
Ertrag: 5 x 6-8 Blüten, Früchte bis 150 g, mittelspät bis zum Frost
Verwendung: Salat, Gemüse, zum Füllen, Dekofrucht
Standort: Gewächshaus, Freiland mit Überdachung
Besonderheiten: Benannt wurde sie nach der polnischen Sängerin Anna German, was fälschlicherweise in Anna Hermann umgewandelt wurde. Benötigt für die Reifung viel Sonne!

´Babelsberger Gelbe`

mild-würzig

Frucht: Rundtomate (M), hell- bis goldgelb, dünnhäutig, weich, saftig
Geschmack: mild-würzig, säurearm
Pflanze: hoch wachsend, bis 180 cm, gesunde Pflanze bis spät in den Herbst
Ertrag: 8 x 8-12 Blüten, Früchte bis 150 g, mittelfrüh bis spät
Verwendung: Salat, Gemüse, Frischverzehr, Garnierfrucht
Standort: Gewächshaus, Freiland
Besonderheiten: Historische Sorte aus dem Raum Babelsberg, die der Kraut- und Braunfäule lange standhält. Sie ist ein Massenträger bis zum Frost.

süß-aromatisch

´Baselbieter Röteli`

Frucht: Cocktailtomate (L), dunkelrot, eiförmig, feste Schale, saftig
Geschmack: süß-aromatisch mit knackigem Biss und wenig Saft
Pflanze: hoch wachsend, bis 250 cm, üppiges Wachstum, kann beliebig ausgegeizt werden
Ertrag: viele Blütenstände mit bis zu 15 Blüten, bis 20 g, früher Erntebeginn
Standort: Freiland, Gewächshaus
Verwendung: Naschfrucht, Salat, lagerfähig
Besonderheiten: ´Baselbieter Röteli` ist ein Massenträger aus dem Baselbiet in der Schweiz. Sie ist ausgesprochen freilandgeeignet.

mild-aromatisch

´Bauerntomate Honduras`

Frucht: Flaschentomate (S), schlank und klein, hellrot, kernarm, nicht ganz platzfest
Geschmack: mild-aromatisch, dickfleischig, saftarm
Pflanze: sehr hoch wachsend, bis 300 cm, sehr schlanker Wuchs, mehrtriebig ziehen
Ertrag: 15 und mehr Blütenstände mit 6-8 Blüten, bis 50 g, mittelfrüh bis spät
Standort: Freiland besser als Gewächshaus
Verwendung: Sauce, Salat, Gemüse
Besonderheiten: Diese Sorte aus Honduras zeichnet sich durch eine lange Erntezeit und eine Resistenz gegen Braunfäule aus.

´Big White Pink Striped`

fruchtig-süß

Frucht: Fleischtomate (L), gelblich-weiß, schwach rosa gestreift, dünnschalig, sehr saftig, Haut leicht abziehbar, leicht gekerbt
Geschmack: fruchtig-süß mit einem Hauch von Melone
Pflanze: hoch wachsend, bis 180 cm, schlanker Wuchs
Ertrag: 6 x 8 Blüten, Früchte bis 600 g, mittelfrüh
Verwendung: Salat, Gemüse, Concassé, Frischverzehr
Standort: Gewächshaus, Freiland mit Regenschutz
Besonderheiten: Diese Schönheit unter den weißen Tomaten wurde 1991 von Glenn Drowns/Iowa erstmalig angeboten.

´Black Ethiopian`

fruchtig-aromatisch

Frucht: Eiertomate (M), weinrot mit braun, feste Schale, unterschiedliche Größen, grünschultrig
Geschmack: fruchtig-aromatisch mit etwas Süße
Pflanze: hoch wachsend, bis 200 cm, stark wüchsig, dunkles Laub, mittlere Pilztoleranz
Ertrag: 9 x 5-6 Blüten, Früchte bis 100 g, mittelfrüh bis spät
Verwendung: Salat, Sauce, Gemüse
Standort: Gewächshaus, Freiland möglich
Besonderheiten: Die Früchte dieser um das Jahr 1900 aus der Ukraine stammenden Sorte zeichnen sich durch eine lange Lagerfähigkeit aus.

süß-aromatisch

´Black Yum Yum`

Frucht: Rundtomate (M), teilweise oval, braunschwarz, feste Schale
Geschmack: fein ausgewogene Säure mit Süße, festes Fruchtfleisch
Pflanze: mittelhoch wachsend, bis 150 cm, gesundes Wachstum
Ertrag: 8 x 6-8 Blüten, bis 100 g, mittelspät
Standort: Gewächshaus, Freiland, Kübel
Verwendung: Salat, Gemüse, Brotbelag
Besonderheiten: Die ´Black Yum Yum` ist eine Familiensorte aus Kanada, die durchaus freilandgeeignet ist.

mild-aromatisch

´Blueberry`

Frucht: Cocktailtomate (L), Farbe variabel, blauviolett bis blassrot, rund, saftig
Geschmack: milder Tomatengeschmack mit wenig Säure
Pflanze: sehr hoch wachsend, bis 250 cm, schlanker Wuchs, kräftiger Spross, wenig verzweigt
Ertrag: 15 x 4-7 Blüten, Früchte bis 50 g, mittelfrüh bis spät
Verwendung: Salat, Sauce, Brotbelag, Trocknen
Standort: Gewächshaus, geschütztes Freiland
Besonderheiten: Neuzüchtung mit dem Potential zur historischen Sorte. Die Farbe (Anthocyane) variiert je nach Sonneneinstrahlung und Temperatur.

´Bombolino d`Inverno`

würzig-aromatisch

Frucht: Cocktailtomate (M), oval mit Spitze, rot, feste Schale, platzfest
Geschmack: klassisch würzig-aromatisch, knackig
Pflanze: hoch wachsend, bis 200 cm, wenig krankheitsanfällig, mittlere Belaubung
Ertrag: viele Fruchtstände mit bis zu 15 Früchten, bis 20 g, mittelfrüh bis spät
Verwendung: Salat, Sauce, Lagertomate, Trocknen
Standort: Gewächshaus, Freiland
Besonderheiten: Traditionelle italienische Sorte, deren Name auf die Verwendung im Winter hinweist, die gesamte Pflanze mit Früchten aufzuhängen.

´Brandywine Apricot`

süß-fruchtig

Frucht: Fleischtomate (L), leuchtend orange bis aprikot, flachrund, teilweise gekerbt
Geschmack: wunderbar fruchtig mit mehr Süße als Säure, sämiges Fruchtfleisch
Pflanze: hoch wachsend, bis 200 cm, kartoffelblättrig, kann 2- bis 3-triebig gezogen werden
Ertrag: 7-8 x 5-6 Blüten, bis 700 g, mittelfrüh
Standort: Gewächshaus, Freiland
Verwendung: Salat, Brotbelag, Gemüse, Sauce
Besonderheiten: Die Brandywine-Serie (seit 1889) stammt aus den USA und zeichnet sich durch besonders guten Geschmack aus.

süß-fruchtig

´Bulgarisches Ochsenherz`

Frucht: Fleischtomate (XL), herzförmig, rosarot, dünnschalig, samenarm
Geschmack: intensiv süß-fruchtig, schmelzend
Pflanze: hoch wachsend, bis 180 cm, schlanker Wuchs, locker belaubt, kartoffelblättrig
Ertrag: 8 x 5-6 Blüten, Früchte bis 500 g, mittelfrüh bis spät
Verwendung: Salat, Sauce, Gemüse, Concassé, Brotbelag
Standort: Gewächshaus, Freiland mit Überdachung
Besonderheiten: Hierbei handelt es sich um eine bulgarische Sorte mit einem außergewöhnlich hohen Ertrag.

süß-fruchtig

´Burracker's Favorite`

Frucht: Fleischtomate (L), rot-orange-gelb marmoriert, saftig, weich
Geschmack: obstartig süß-fruchtig, wenig Säure, schmelzend
Pflanze: hoch wachsend, bis 180 cm, normalblättrig, weniger verzweigend
Ertrag: Blütenstände mit 5 x 8 Blüten, bis 500 g, guter Ertrag bis zum Frost
Verwendung: Salat, Gemüse, Concassé, Brotbelag
Standort: Gewächshaus, geschütztes Freiland
Besonderheiten: Perfektes Aroma und eine wunderschöne Färbung zeichnen diese aus den Blue Rich Mountains stammende Familiensorte aus.

würzig-aromatisch

´Carbon`

Frucht: Fleischtomate (M), violett-braun, flachrund, dünnschalig, glänzende Schale
Geschmack: komplex würzig-aromatisch, cremiges Fruchtfleisch
Pflanze: hoch wachsend, bis 170 cm, kann 3-triebig gezogen werden
Ertrag: 6-8 x 6 Blüten, bis 200 g, mittelfrüh bis zum Frost
Standort: Gewächshaus, geschütztes Freiland
Verwendung: Sauce, Gemüse, Frischverzehr, Suppe
Besonderheiten: ´Carbon` stammt aus den USA und ist der Gewinner vieler Preise.

süßlich-mild

´Chocolate Stripes`

Frucht: Fleischtomate (L), rot-orange mit braun-grünen Streifen, leicht gerippt, saftig
Geschmack: milder Tomatengeschmack, süßlich, wenig Säure
Pflanze: mittelhoch wachsend, bis 150 cm, schlanker Wuchs, kräftiger Spross, wenig verzweigt
Ertrag: 8 x 1-4 Blüten, Früchte bis 560 g, mittelfrüh bis spät
Verwendung: Salat, Sauce, Brotbelag, Trocknen
Standort: Gewächshaus, geschütztes Freiland
Besonderheiten: Diese aus Ohio stammende Sorte besticht durch ihre wunderschöne Färbung.

würzig-aromatisch

´Costoluto Fiorentino`

Frucht: Fleischtomate (M), leuchtend rot, stark gekerbt, saftig
Geschmack: intensiv würzig-aromatisch
Pflanze: sehr hoch wachsend, bis 220 cm, verzweigtes Laub
Ertrag: 9 x 5-7 Blüten, Früchte bis 200 g, mittelspät bis spät
Verwendung: Salat, Sauce, Concassé, Trocknen, Brotbelag
Standort: Gewächshaus, geschütztes Freiland
Besonderheiten: Diese um 1900 aus der Toskana („Florentiner Rippchen"), stammende Sorte ist noch heute auf italienischen Märkten präsent.

würzig-aromatisch

´Costoluto Genovese`

Frucht: Fleischtomate (M), rot, flachrund, stark gerippt, samenarm, vollfleischig
Geschmack: würzig aromatisch mit feiner Säure
Pflanze: sehr hoch wachsend, bis 300 cm, schlanker Wuchs, kräftiger Spross, wenig verzweigt
Ertrag: 10 x 2-4 Blüten, Früchte bis 180 g, mittelfrüh bis spät
Verwendung: Salat, Sauce, Brotbelag, Trocknen
Standort: Gewächshaus, geschütztes Freiland
Besonderheiten: ´Costoluto Genovese` ist eine alte, erstmals 1781 erwähnte, Fleischtomatensorte aus Italien.

´Crimson Cushion Beefsteak`

Frucht: Fleischtomate (L), rot, plattrund, mehr oder weniger gefurcht
Geschmack: perfektes Zucker-Säure-Verhältnis, klassisch tomatig
Pflanze: niedrig wachsend, bis 120 cm, wenig verzweigt, schwach beblättert, Wärme liebend
Ertrag: 3 x 5 Blüten, Früchte bis 250 g, mittelfrüh bis mittelspät
Verwendung: Salat, Sauce, Gemüse, Brotbelag
Standort: Gewächshaus, geschütztes Freiland
Besonderheiten: Diese ebenfalls als Beefsteaktomate bekannte Sorte wurde 1892 von P. Henderson auf den Markt gebracht.

´Deweese Streaked`

Frucht: Fleischtomate (L), orange-gelb, pinkfarben durchzogen, kernarm, leicht gerippt
Geschmack: exotisch fruchtig mit wenig Säure, saftig
Pflanze: hoch wachsend, bis 190 cm
Ertrag: 5-7 x 4-5 Blüten, später Erntebeginn, bis 500 g
Standort: Gewächshaus wegen der späten Reife empfehlenswert
Verwendung: Salat, Gemüse, Concassée, Frischverzehr
Besonderheiten: Diese Rarität aus den USA benötigt einen warmen Sommer, ist dann aber geschmacklich eine Spitzensorte.

fruchtig-aromatisch

´Domaca Pfarrgarten`

Frucht: Fleischtomate (M), rosarot, flachrund, sämiges Fruchtfleisch
Geschmack: ausgewogenes Zucker-Säure-Verhältnis mit einem Hauch von Melone
Pflanze: mittelhoch wachsend, bis 160 cm, kräftiges, gesundes Wachstum
Ertrag: 5-6 x 4-6 Blüten, bis 300 g, mittelfrüh
Standort: Freiland, Gewächshaus
Verwendung: Frischverzehr, Suppe, Sauce
Besonderheiten: ´Domaca Pfarrgarten` besitzt vergleichsweise große Blätter, die trotzdem lange gesund bleiben. Sie stammt aus Kroatien.

mild-aromatisch

´Eagle’s Beak`

Frucht: Fleischtomate (L), hellrot, herzförmig, wenig Samen, recht fleischig
Geschmack: mild, schmelzend, wenig Säure
Pflanze: hoch wachsend, bis 200 cm, schlanker Wuchs, kräftiger Spross, wenig verzweigt
Ertrag: 6 x 2-4 Blüten, Früchte bis 250 g, mittelfrüh bis spät
Verwendung: Salat, Sauce, Brotbelag, Trocknen
Standort: Gewächshaus, geschütztes Freiland
Besonderheiten: Weißrussische Rarität, die vor rund 10 Jahren in die USA gelangte. Eagles Beak heißt übersetzt Adlerschnabel.

´Eva Purple Ball`

Frucht: Rundtomate (M), gleichmäßig geformt, rosarot, dünnschalig
Geschmack: nachhaltig aromatisch-süß
Pflanze: mittelhoch wachsend, bis 150 cm, wenig verzweigt, mehrtriebig ziehen
Ertrag: 4 x 6 Blüten, Früchte bis 100 g, mittelfrüh bis mittelspät
Verwendung: Salat, Sauce, Naschfrucht
Standort: Gewächshaus, geschütztes Freiland, Terrasse, Balkon
Besonderheiten: Um 1900 gelangte diese delikate Sorte mit Auswanderern aus dem Schwarzwald in die USA.

´Fidelio`

Frucht: Fleischtomate (L), rot, teilweise gerippt, samenarm, festes Fruchtfleisch
Geschmack: perfektes Zucker-Säure-Verhältnis mit Fruchtanteil
Pflanze: hoch wachsend, bis 2 m, kältetolerant
Ertrag: 6-8 x 5-7 Blüten, bis 550 g, mittelfrüh
Standort: Freiland, Gewächshaus
Verwendung: Salat, Brotbelag, Frischverzehr, Gemüse
Besonderheiten: Bei ´Fidelio` handelt es sich um eine Kreuzung zwischen einer kubanischen und einer sibirischen Tomate. Sie ist ausgesprochen produktiv.

süß-fruchtig

´Freude`

Frucht: Rundtomate (S-M), rot, unterschiedliche Größen, platzfest
Geschmack: süß-fruchtig, fein-würzig
Pflanze: hoch und unbegrenzt wachsend, dunkles Laub, stark verzweigt
Ertrag: 9 x 9-10 Blüten, Früchte bis 80 g, mittelfrüh bis zum Frost, unglaublich produktiv
Verwendung: Salat, Brotbelag, Naschfrucht
Standort: Gewächshaus, im Freiland relativ robust
Besonderheiten: Diese um 1930 im Handel eingeführte Sorte stammt vermutlich von einem norddeutschen Züchter.

tomatig-süß

´Gardener's Delight`

Frucht: Cocktailtomate (L), rot, platzfest
Geschmack: komplexes Tomatenaroma mit viel Süße
Pflanze: hoch und unbegrenzt wachsend, kann 2-triebig gezogen werden, robust
Ertrag: viele Rispen mit bis zu 15 Früchten, bis 20 g, mittelfrüh bis zum Frost
Verwendung: Salat, Naschfrucht, „Kindertomate“
Standort: Gewächshaus, freilandtauglich, Terrasse, Balkon
Besonderheiten: Obwohl die Herkunft mit England angegeben wird, stammt diese preisgekrönte Sorte ursprünglich aus Deutschland („Gartenfreude“).

´Gartenperle`

süß-aromatisch

Frucht: Rundtomate (M), rot, im Freiland nicht ganz platzfest
Geschmack: obstartig süß-aromatisch
Pflanze: niedrig und kompakt wachsend, muss nicht entgeizt werden
Ertrag: Rispen mit bis zu 15 Früchten, bis 15 g, früh bis spät
Verwendung: Salat, Naschfrucht, Frischverzehr
Standort: Gewächshaus, freilandtauglich, Kübel, Ampel
Besonderheiten: Um 1910 wurde diese Sorte, die übrigens als Kübelpflanze ebenfalls sehr ertragreich ist, im deutschen Handel eingeführt.

´Gelbe Helene`

fruchtig-süß

Frucht: Fleischtomate (M), gelb-orange, rund, wenig Samen
Geschmack: mild, süß, mit einem Hauch Pfirsich
Pflanze: hoch wachsend, bis 200 cm, schlanker Wuchs, kräftiger Spross, wenig verzweigt
Ertrag: 5 x 2-4 Blüten, Früchte bis 170 g, mittelfrüh bis spät
Verwendung: Salat, Sauce, Brotbelag, Trocknen
Standort: Gewächshaus, geschütztes Freiland
Besonderheiten: Diese aus Polen stammende Sorte bringt attraktive in Vollreife dunkelgelbe bis orangefarbene Früchte hervor.

mild-aromatisch

´Gelber Paprika`

Frucht: Flaschentomate mit Spitze (M), gelb-orange, wenig Kerne, wenig Saft, dünnschalig
Geschmack: mild-aromatisch, zart schmelzend
Pflanze: hoch wachsend, bis 200 cm, kräftiger aber schlanker Wuchs
Ertrag: 6 x 5-7 Blüten, Früchte bis 150 g, mittelfrüh bis zum Frost
Verwendung: Salat, Gemüse, Brotbelag, Trocknen
Standort: Gewächshaus, geschütztes Freiland
Besonderheiten: Hierbei handelt es sich um die gelbe Form der Bauerntomate aus den Anden. Diese wärmeliebende Sorte neigt nicht zur Blütenendfäule.

fruchtig-aromatisch

´German Pink`

Frucht: Fleischtomate (L), pinkrot, leicht gekerbt, flachrund, samenarm
Geschmack: perfektes Zucker-Säure-Verhältnis mit fruchtigem Aroma, saftig
Pflanze: mittelhoch wachsend, bis 160 cm, kartoffelblättrig
Ertrag: 5-6 x 6-12 Blüten, bis 400 g, mittelfrüh
Standort: Gewächshaus, aber auch Freiland
Verwendung: Salat, Auflauf, Concassée, Suppe
Besonderheiten: ´German Pink` ist eine Heirloom-Tomate mit exzellentem Aroma, die in den USA schon viele Preise gewonnen hat.

mild-aromatisch

´Grandpa Cock's Plume`

Frucht: Fleischtomate (L), herzförmig, rosarot, dünnschalig, kernarm
Geschmack: wohlschmekkend mild-aromatisch, zart schmelzend
Pflanze: hoch wachsend, bis 180 cm, sehr schlanker Wuchs, locker belaubt
Ertrag: 5 x 5-8 Blüten, Früchte bis 350 g, mittelfrüh bis zum Frost
Verwendung: Salat, Gemüse, Brotbelag, Trocknen, Suppe
Standort: Gewächshaus, geschütztes Freiland
Besonderheiten: Aus dem Altaigebirge ist diese Sorte in die USA gelangt. Sie zeichnet sich durch eine lange Ernteperiode aus.

aromatisch

´Grappoli d'Inverno`

Frucht: Cocktailtomate (M), rot, feste Schale, festes Fruchtfleisch
Geschmack: nachhaltig aromatisch, leicht säuerlich, knackig
Pflanze: mittelhoch wachsend, bis 150 cm, relativ robust und wenig krankheitsanfällig
Ertrag: Massen von Früchten an vielen Rispen, bis 15 g, mittelfrüh bis zum Frost
Verwendung: Salat, Naschfrucht, Garniersorte
Standort: Gewächshaus, Freiland, Balkon, Terrasse
Besonderheiten: Die um 1900 aus Italien stammende Sorte kann im Herbst als ganzer Strauch zum Nachreifen aufgehängt werden.

süß-fruchtig

´Great White`

Frucht: Fleischtomate (L) gelblich-weiß mit rosa Kern, flachrund, gekerbt, vollfleischig
Geschmack: süß-fruchtig, mit einem Hauch von Melone und Citrus
Pflanze: verhalten wachsend, bis 160 cm, schlanker Wuchs, kann 2-triebig gezogen werden
Ertrag: 6 x 5-9 Blüten, Früchte bis 400 g, mittelfrüh bis spät
Verwendung: Salat, Gemüse, Brotbelag, Suppe
Standort: Gewächshaus, überdachtes Freiland, Kübel
Besonderheiten: Diese Heirloom-Tomate aus den USA (Katalog von Gleckler`s Seedsmen) ist eine der besten weißen Sorten.

würzig-aromatisch

´Green Doctor's Frosted`

Frucht: Cocktailtomate (S), oval, grün, durchscheinende Haut, glänzende Schale
Geschmack: sensationell würzig-aromatisch, knakkig
Pflanze: hoch wachsend, bis 200 cm, schlanker Wuchs, mehrtriebig ziehen
Ertrag: viele Früchte an Rispen, bis 8 g, mittelfrüh bis zum Frost
Verwendung: Salat, Naschfrucht, Garniersorte
Standort: Gewächshaus, durchaus freilandgeeignet, Balkon
Besonderheiten: Empfehlenswerte grüne Sorte, die zufällig von Carolyn Male (Tomatenbuchautorin/USA) entdeckt wurde.

süß-fruchtig

´Grimpante du Mexique`

Frucht: Rundtomate (M), rosarot, saftig, feste Schale
Geschmack: süß-fruchtig mit feinem Säureanteil
Pflanze: hoch wachsend, bis 200 cm, unempfindlich, kartoffelblättrig
Ertrag: 6 x 4-6 Blüten, Früchte bis 80 g, mittelfrüh bis zum Frost
Verwendung: Salat, Gemüse, Brotbelag, Trocknen, Direktverzehr
Standort: Gewächshaus, Freiland
Besonderheiten: Diese vermutlich aus Mexiko stammende Sorte bietet im Gewächshaus einen sehr langen Ertrag. Im Freiland bleibt sie auffällig lange gesund.

süß-fruchtig

´Harbinger`

Frucht: Rundtomate (L), dunkelrot, teilweise leicht gekerbt, dünnhäutig
Geschmack: wunderbar ausgeglichenes Zucker-Säure-Verhältnis
Pflanze: mittelhoch wachsend, bis 140 cm, unempfindlich, dunkles Laub
Ertrag: 5 x 6-7 Blüten, Früchte bis 150 g, mittelfrüh bis zum Frost
Verwendung: Salat, Gemüse, Brotbelag, Sauce, Suppe
Standort: Gewächshaus, Freiland, Terrasse, Balkon
Besonderheiten: Diese aus Deutschland stammende Sorte ist seit 1910 im Handel.

fruchtig-aromatisch

´Herz aus Bosnien`

Frucht: Fleischtomate (L) herzförmig, rosarot, dünnschalig, festfleischig, samenarm
Geschmack: köstlich aromatisch-fruchtig, schmelzend
Pflanze: sehr hoch wachsend, bis 200 cm, schlanker Wuchs, mittlere Verzweigung
Ertrag: 9 x 8 Blüten, Früchte bis 600 g, mittelfrüh bis zum Frost
Verwendung: Salat, Sauce, Concassé, Brotbelag, Trocknen
Standort: Gewächshaus, geschütztes Freiland
Besonderheiten: Der Ertrag dieser Familiensorte von Frau Milka aus Bosnien ist kaum zu steigern.

würzig-aromatisch

´Herz aus Russland`

Frucht: Fleischtomate (M), unregelmäßige Herzformen, rot, dünnschalig
Geschmack: vollendet würzig-aromatisch, schmelzend
Pflanze: hoch wachsend, bis 180 cm, schlanker Wuchs, dunkles Laub, kartoffelblättrig
Ertrag: 6 x 6-8 Blüten, Früchte bis 300 g, mittelfrüh bis spät
Verwendung: Salat, Suppe, Gemüse, Brotbelag, Concassé
Standort: Gewächshaus, geschütztes Freiland
Besonderheiten: Hierbei handelt es sich um eine russische Sorte, die sich durch einen sehr hohen Ertrag auszeichnet.

aromatisch

´Herz aus Siebenbürgen`

Frucht: Fleischtomate (L), nicht immer Herzform, rot, samenarm, dünnschalig
Geschmack: perfekt tomatig mit sämigem Fruchtfleisch
Pflanze: hoch und unbegrenzt wachsend, bis zu 180 cm, schlankes Wachstum
Ertrag: 8-9 x 8 Blüten, bis 500 g, mittelspät
Standort: Gewächshaus, geschütztes Freiland
Verwendung: Brotbelag, Concassée, Auflauf, Suppe
Besonderheiten: Das ´Herz aus Siebenbürgen´ bekam ich von der Enkelin einer Dame aus Siebenbürgen. Es handelt sich um eine alte Familiensorte.

süß-fruchtig

´Hillbilly`

Frucht: Fleischtomate (XL), orange, gelb und rot marmoriert, teilweise gekerbt
Geschmack: wunderbar süß-fruchtig mit Zucker, säurearm, sämig und saftig
Pflanze: hoch wachsend, bis 180 cm, kann mehrtriebig gezogen werden
Ertrag: 5-6 x 6-7 Blüten, Früchte teils bis 800 g schwer, mittelspät reifend
Standort: Gewächshaus bevorzugt
Verwendung: Frischverzehr, Concassée, Suppe, Gemüse, Chutney
Besonderheiten: ´Hillbilly` stammt aus West-Virginia, ist etwa seit 1880 bekannt und wurde von J. L. Bosner 1994 dem Seed Savers Exchange (SSE) vorgestellt.

süß-aromatisch

´Honigsüßer Erlöser`

Frucht: Fleischtomate (L), orange, rund bis herzförmig, teilweise leicht gekerbt, saftig, vollfleischig, samenarm
Geschmack: süß-aromatisch mit Honigaroma, schmelzend
Pflanze: mittelhoch wachsend, bis 160 cm, schlanker Wuchs
Ertrag: 6 x 8 Blüten, Früchte bis 500 g, mittelfrüh bis spät
Verwendung: Salat, Gemüse, Brotbelag, Concassé
Standort: Gewächshaus, geschütztes Freiland
Besonderheiten: Diese russische Sorte überrascht mit einem untypischen, extravaganten Geschmack.

fruchtig-aromatisch

´Huberts Beste`

Frucht: Cocktailtomate (M), rund oder eiförmig, rot, etwas feste Schale
Geschmack: hocharomatisch mit Zucker und Säure, überraschend lecker
Pflanze: niedrig wachsend, bis 80 cm, zarte Pflanze mit zartem Laub, trotzdem robust
Ertrag: 8-10 x 9-10 Blüten, bis 30 g, sehr früher Erntebeginn
Standort: Gewächshaus, Freiland, Balkon, Kübel
Verwendung: Naschfrucht, Sauce, Suppe, Salat
Besonderheiten: Diese unermüdliche, niedrig bleibende Sorte ist eine ideale, freilandtaugliche Balkontomate. Neuaustrieb im Spätsommer möglich.

aromatisch

´Huevo de Toro`

Frucht: Fleischtomate (XL), teilweise herzförmig, pinkrot, dünnschalig
Geschmack: ausgewogen tomatig, sämiges Fruchtfleisch
Pflanze: hoch wachsend, bis 180 cm
Ertrag: 7-8 x 5-7 Blüten, bis 800 g, mittelspäter Erntebeginn
Standort: Gewächshaus, geschütztes Freiland
Verwendung: Brotbelag, Salat, Suppe, Auflauf
Besonderheiten: Die ´Huevo de Toro` aus Los Chortales ist eine schon lange bekannte und sehr beliebte Tomate in Spanien.

süß-aromatisch

´Isis Candy`

Frucht: Cocktailtomate (M), gelb-orange-rot marmoriert, saftig, kaum platzanfällig
Geschmack: überaus aromatisch, süß, schmelzend
Pflanze: hoch und unbegrenzt wachsend, stark verzweigt, unempfindlich
Ertrag: Massen von Fruchtständen mit 10-12 Früchten, bis 30 g, mittelfrüh bis zum Frost
Verwendung: Salat, Naschfrucht, Dekoration
Standort: Gewächshaus, Freiland, Kübel
Besonderheiten: Bei einem Geschmackstest in den USA hat diese Sorte als eine der 10 besten abgeschnitten. Sie wurde 1992 von J. Bratka als neue, stabile Sorte vorgestellt.

süß-fruchtig

´Jaune Flamme`

Frucht: Rundtomate (M), gelborange, saftig, mittelfest
Geschmack: fein abgestimmt, süß-fruchtig
Pflanze: hoch wachsend, bis 220 cm, mittlere Verzweigung, kann zweitriebig gezogen werden, robust, bleibt lange gesund
Ertrag: 5 x 10-12 Blüten, Früchte bis 50 g, mittelfrüh bis zum Frost
Verwendung: Salat, Gemüse, Naschfrucht
Standort: Gewächshaus, Freiland
Besonderheiten: Für diese wohlschmeckende, um 1900 aus der Bretagne stammende Sorte stellen niedrigere Temperaturen kein Problem dar.

fruchtig-aromatisch

´Jerry's German Giant`

Frucht: Fleischtomate (XL), gelb-rot geflammt, Fruchtfleisch marmoriert, breitrund, vollfleischig
Geschmack: komplex fruchtig-aromatisch, saftig
Pflanze: hoch wachsend, bis 190 cm
Ertrag: 5-7 x 5-6 Blüten, bis 800 g, mittelfrüher Erntebeginn
Standort: Gewächshaus, geschütztes Freiland
Verwendung: Concassée, Salat, Gemüse, Auflauf, Chutney
Besonderheiten: Diese wunderschöne und leckere alte Familiensorte wurde in Missouri bei Jerry entdeckt. Sie stammt ursprünglich aus Deutschland.

´Johannisfeuer`

süß-aromatisch

Frucht: Fleischtomate (M), rot, teilweise gerippt, saftig, vollfleischig, dünnschalig
Geschmack: überzeugend aromatisch mit Tendenz zur Süße
Pflanze: mittelhoch wachsend, bis 140 cm, schlanker Wuchs, wenig verzweigt, anfangs verzögert, mehrtriebig ziehen
Ertrag: 10 x 5-6 Blüten, Früchte bis 250 g, mittelspät bis zum Frost
Verwendung: Salat, Gemüse, Brotbelag, Concassée
Standort: Gewächshaus, überdachtes Freiland
Besonderheiten: Historische Sorte aus Deutschland, die ebenfalls als „Ficarrazzi" oder „Geisenheimer" bekannt ist.

´Justens Süße`

süß-aromatisch

Frucht: Cocktailtomate (M), rot, knackig, saftig
Geschmack: verheißungsvoll süß-aromatisch
Pflanze: hoch und unbegrenzt wachsend, stark verzweigt, gesundes Laub, pilztolerant
Ertrag: 10 x 10-15 Blüten, Früchte bis 12 g, mittelspät bis zum Frost
Verwendung: Salat, Naschfrucht, Garniersorte
Standort: Gewächshaus, Freiland
Besonderheiten: Diese historische, aus Deutschland stammende Sorte zählt geschmacklich zu den Favoriten.

mild-aromatisch

´Kasachstan Herz`

Frucht: Fleischtomate (L), rot, herzförmig, gerippt, wenig Samen, vollfleischig
Geschmack: mild, wenig Säure
Pflanze: hoch wachsend, bis 200 cm, schlanker Wuchs, kräftiger Spross, wenig verzweigt
Ertrag: 6 x 3-4 Blüten, Früchte bis 500 g, mittelfrüh bis spät
Verwendung: Salat, Sauce, Brotbelag, Trocknen
Standort: Gewächshaus, geschütztes Freiland
Besonderheiten: Aus Kasachstan stammende Vertreterin der Ochsenherz-Tomaten mit teilweise deutlich ausgeprägten Rippen.

süß-fruchtig

´Kaukasisches Ochsenherz`

Frucht: Fleischtomate (XL), rund und gerippt oder herzförmig, dünnschalig, vollfleischig, samenarm
Geschmack: gute Balance zwischen Zucker- und Säureanteil, schmelzend
Pflanze: hoch wachsend, 170 cm, schlanker Wuchs, zweitriebig ziehen
Ertrag: 6 x 10 Blüten, Früchte bis 400 g, mittelspät bis zum Frost
Verwendung: Salat, Sauce, Gemüse, Concassé
Standort: Gewächshaus, überdachtes Freiland
Besonderheiten: Hierbei handelt es sich um eine beliebte, alte Sorte aus dem Kaukasus. Sehr üppiger Ertrag!

würzig-aromatisch

´Lehrertomate`

Frucht: Fleischtomate (XXL), rund, abgeflacht, leicht gerippt, vollfleischig
Geschmack: fantastisch ausgewogenes Zucker-Säure-Verhältnis, schmelzend
Pflanze: hoch wachsend, bis 200 cm, üppiger Wuchs, gesundes Laub, wärmeliebend
Ertrag: 4 x 7 Blüten, Früchte bis 1000 g, mittelspät bis zum Frost
Verwendung: Salat, Sauce, Gemüse, Concassé, Brotbelag, Mark
Standort: Gewächshaus, überdachtes Freiland
Besonderheiten: Gigantische Früchte mit klassischem Aroma. Die Sorte stammt evtl. aus Tschechien.

süß-aromatisch

´Liana Orangevaja`

Frucht: Flaschentomate mit Spitze (M), intensiv orange, festes, trockenes Fruchtfleisch
Geschmack: cremig süß-aromatisch, erst bei Überreife mehlig werdend
Pflanze: hoch und unbegrenzt wachsend, lockerer Wuchs, 2-/3-triebig ziehen, anfällig für Blütenendfäule, regelmäßig gießen
Ertrag: 5 x 10-12 Blüten, Früchte bis 80 g, mittelspät bis zum Frost
Verwendung: Salat, Gemüse, Concassé, Dörren
Standort: Gewächshaus, überdachtes Freiland
Besonderheiten: Diese russische Sorte zeichnet sich durch einen sehr hohen Ertrag aus.

würzig-aromatisch

´Lida Ukrainian`

Frucht: Fleischtomate (M), rot, rund, abgeflacht, leicht gerippt
Geschmack: ausgezeichnet würzig-aromatisch
Pflanze: determiniert, kompakter Wuchs, 120 cm, 2-triebig ziehen
Ertrag: 4 x 5-6 Blüten, Früchte bis 150 g, mittelspät bis zum Frost
Verwendung: Salat, Sauce, Gemüse, Concassé
Standort: Gewächshaus, überdachtes Freiland, Balkon, Terrasse
Besonderheiten: Bei dieser Familiensorte aus der Ukraine ist bei der Kultur als Balkontomate im Kübel ebenfalls ein guter Ertrag zu erwarten.

fruchtig-aromatisch

´Lila Sari`

Frucht: Fleischtomate (XL), auberginefarben, leicht gerippt, rund und abgeflacht, dünnschalig, vollfleischig
Geschmack: ausgewogenes Zucker-Säure-Verhältnis, schmelzend
Pflanze: hoch wachsend, 180 cm, sehr kräftig, dunkles Laub, sehr gesunde Pflanze, kälte- aber nicht nässetolerant
Ertrag: 4 x 5-6 Blüten, Früchte bis 400 g, mittelspät bis zum Frost
Verwendung: Salat, Sauce, Concassé, Brotbelag
Standort: Gewächshaus, überdachtes Freiland
Besonderheiten: Im Spätherbst 2013 reiften im Folientunnel noch Früchte an einer gesunden Pflanze.

´Mamma Leone`

mild-aromatisch

Frucht: Flaschentomate (M), dickbauchig mit Spitze, rot, festfleischig, samenarm, saftarm
Geschmack: mild-aromatisch mit feinem Säureanteil
Pflanze: hoch wachsend, 180 cm, sehr kräftiger Spross, mittlere Verzweigung, kartoffelblättrig
Ertrag: 4x 6-8 Blüten, Früchte bis 200 g, mittelspät bis zum Frost
Verwendung: Salat, Sauce, Gemüse, Mark, Dörren
Standort: Gewächshaus, überdachtes Freiland
Besonderheiten: Mit italienischen Auswanderern gelangte diese historische Sorte in die USA.

´Mammoth German Gold`

fruchtig-aromatisch

Frucht: Fleischtomate (XL), rot-orange marmoriert, flachrund bis unförmig, gerippt, vollfleischig
Geschmack: reich an Aromen mit ausgezeichnetem Zucker-Säure-Verhältnis, schmelzend
Pflanze: unbegrenzter Wuchs, verzweigend, sehr kräftig, widerstandsfähig
Ertrag: 6 x 9-10 Blüten, Früchte bis 800 g, mittelspät bis zum Frost
Verwendung: Salat, Sauce, Concassée, Brotbelag
Standort: Gewächshaus, Freiland
Besonderheiten: Diese bereits vor 1900 bekannte Sorte gelangte mit deutschen Auswanderern in die USA.

süß-aromatisch

´Mamont`

Frucht: Fleischtomate (M), rosarot, schwach gerippt, manchmal mit Nabel, samenarm
Geschmack: süß-aromatisch mit sämigem Fruchtfleisch
Pflanze: bis 180 cm, gesunder und schlanker Wuchs, kälteverträglich
Ertrag: 5-6 x 5-7 Blüten, bis 300 g, mittelfrüh
Standort: Gewächshaus, aber auch Freiland
Verwendung: Salat, Concassé, Gemüse, Suppe
Besonderheiten: Bei ´Mamont` handelt es sich um eine kommerzielle Sorte aus Sibirien, die seit 2008 im Seed Savers Yearbook aufgelistet ist.

süß-fruchtig

´Mandarin Cross`

Frucht: Fleischtomate (M), orange, festfleischig, saftarm
Geschmack: süß-fruchtig, obstartig, schmelzend
Pflanze: mittelhoch wachsend, bis 160 cm, mittlere Verzweigung
Ertrag: 6 x 9-10 Blüten, Früchte bis 250 g, mittelspät bis zum Frost
Verwendung: Salat, Sauce, Concassée, Trocknen, Brotbelag
Standort: Gewächshaus, geschütztes Freiland
Besonderheiten: Im Jahre 2007 konnte diese aus Japan stammende Sorte einen Geschmackstest in Carmel/Kalifornien gewinnen.

´Marvel Striped`

süß-fruchtig

Frucht: Fleischtomate (M), gelb, pink und orange geflammt, Fruchtfleisch marmoriert, samenarm
Geschmack: süß-fruchtig mit diversen Aromen, saftig, nie mehlig
Pflanze: hoch wachsend, bis 180 cm, gesunde Pflanze
Ertrag: 7 x 5-6 Blüten, bis 400 g, mittelspät
Standort: Gewächshaus empfehlenswert wegen des späten Erntebeginns, Südwand
Verwendung: Salat, Gemüse, Auflauf, Concassée
Besonderheiten: Diese Sorte kann zu den Zapotec-Indianern in Mexico zurückverfolgt werden. In warmen Sommern ist sie eine gute Gourmetsorte.

´Marz Round Green`

würzig-aromatisch

Frucht: Rundtomate (M), herz- oder eiförmig, grüngelb mit dunklen Streifen, leicht gerippt, weich, saftig, nicht mehlig werdend
Geschmack: delikat würzig-aromatisch
Pflanze: hoch wachsend, 200 cm, sehr gesund, weniger verzweigt, mehrtriebig ziehen
Ertrag: 6 x 6-9 Blüten, Früchte bis 80 g, mittelfrüh bis zum Frost
Verwendung: Salat, Sauce, Concassé, Brotbelag
Standort: Gewächshaus, Freiland
Besonderheiten: Aufgrund ihres herausragenden Aromas zählt diese Kreuzung von J. Dawson (USA) zu den besten grünen Sorten.

fruchtig-würzig

´Meraviglia del Mercato`

Frucht: Rundtomate (L), rot, leicht gerippt, fleischig
Geschmack: fruchtig-würzig mit ansprechender Säure
Pflanze: determinierter Wuchs, bis 120 cm, locker belaubt, kräftiger Spross
Ertrag: 6 x 6-8 Blüten, Früchte bis 100 g, mittelfrüh bis mittelspät
Verwendung: Salat, Sauce, Gemüse, Concassée, Brotbelag
Standort: Gewächshaus, überdachtes Freiland
Besonderheiten: Hierbei handelt es sich um eine lange bekannte, wärmeliebende Sorte, die häufig in Italien auf den Bauernmärkten zu finden ist.

süß-würzig

´Missouri Pink Love Apple`

Frucht: Fleischtomate (XL), rosarot, leicht gerippt, rund und abgeflacht, dünnschalig, vollfleischig, saftig
Geschmack: komplex, süßwürzig-aromatisch
Pflanze: hoch wachsend, 180 cm, mittlere Verzweigung, kartoffelblättrig, wärmeliebend
Ertrag: 7 x 7-8 Blüten, Früchte bis 400 g, mittelspät bis zum Frost
Verwendung: Salat, Sauce, Concassé, Brotbelag
Standort: Gewächshaus
Besonderheiten: Diese Delikatesssorte soll bei Großvater Barnes um 1850 in Missouri im Garten gestanden haben.

´Mr. Stripey`

fruchtig-süß

Frucht: Fleischtomate (XL), gelb-pink gestreift, leicht gekerbt
Geschmack: einzigartig aromatisch, viel Süße mit einem Hauch von Melone
Pflanze: mittelhoch wachsend, bis 150 cm, mittlere Verzweigung
Ertrag: 6 x 3-5 Blüten, Früchte bis 800 g, mittelspät bis spät
Verwendung: Salat, Sauce, Concassé, Trocknen, Brotbelag
Standort: Gewächshaus, geschütztes Freiland
Besonderheiten: Bereits vor 1900 von den Mennoniten angebaute Heirloom-Sorte, die sich durch tolles Aroma und unterschiedliche Färbungen auszeichnet.

´Nadgok Haduk`

würzig-aromatisch

Frucht: Fleischtomate (S), rot, leicht gerippt, dünnschalig, saftig
Geschmack: intensiv aromatisch-würzig
Pflanze: mittelhoch wachsend, bis 160 cm, locker belaubt, kräftiger Wuchs
Ertrag: 9 x 10 Blüten, Früchte bis 150 g, mittelspät bis spät
Verwendung: Salat, Sauce, Gemüse, Brotbelag
Standort: Gewächshaus, überdachtes Freiland
Besonderheiten: Hierbei handelt es sich um eine schon lange bekannte Familiensorte aus Rumänien, die für ihren hohen Ertrag bekannt ist.

fruchtig-aromatisch

´Native Sun`

Frucht: Rundtomate (M), gelb, weich, saftig
Geschmack: aromatisch mit einem Hauch von Zitrone, wenig Säure
Pflanze: sehr hoch wachsend, bis 200 cm, weniger pilztolerant
Ertrag: 10 x 8-10 Blüten, Früchte bis 150 g, mittelfrüh bis spät
Verwendung: Salat, Concassé, Dörren, Brotbelag, Naschfrucht
Standort: Gewächshaus, geschütztes Freiland
Besonderheiten: Diese historische Sorte wurde von Tim Peters in Oregon gezüchtet.

würzig-aromatisch

´Nonna Antonia`

Frucht: Fleischtomate (XXL), rot, leicht gerippt, fleischig, saftig
Geschmack: herausragend aromatisch-würzig, klassisch tomatig
Pflanze: unbegrenzter Wuchs, bis 220 cm, kräftiger Spross, stark verzweigt, gesunde Pflanze
Ertrag: 8 x 5 Blüten, Früchte bis 1000 g, mittelspät bis zum Frost
Verwendung: Salat, Sauce, Concassé, Brotbelag
Standort: Gewächshaus, Freiland
Besonderheiten: Diese sensationell produktive Familiensorte aus dem Piemont wurde nach der Großmutter Antonia benannt, die diese Sorte bewahrte.

´Norddeutsche Hellfrucht`

fruchtig-aromatisch

Frucht: Rundtomate (M), rot, leicht gerippt, fleischig, platzfest
Geschmack: feinfruchtig-aromatisch, mildsäuerlich
Pflanze: mittelhoch wachsend, bis 150 cm, dicht belaubt, kräftiger Spross, pilztolerant
Ertrag: viele Rispen mit bis zu 10 Früchten, bis 100 g, mittelfrüh bis zum Frost
Verwendung: Salat, Sauce, Concassé, Brotbelag
Standort: Gewächshaus, absolut freilandtauglich
Besonderheiten: Seit 1950 ist diese ertragreiche, norddeutsche Sorte im Handel erhältlich. Außergewöhnlich sind ihre Blätter mit den Nebentrieben.

´Olympische Flamme`

fruchtig-aromatisch

Frucht: Fleischtomate (L), rot-gold geflammt, unterschiedliche Größen, mehr oder weniger gerippt, wenig Samen, saftig
Geschmack: beeindrukkend fruchtig-aromatisch, schmelzend
Pflanze: mittelhoher Wuchs, bis 160 cm, stark verzweigt, wenig krankheitsanfällig
Ertrag: 5 x 5-6 Blüten, Früchte bis 350 g, spät bis zum Frost
Verwendung: Salat, Sauce, Concassé, Brotbelag
Standort: Gewächshaus, Freiland
Besonderheiten: Russische Sorte mit wunderschöner Frucht und tollem Aroma.

fruchtig-würzig

´Opalka`

Frucht: Flaschentomate, (M), dickbauchig rot, dünnschalig, saftarm
Geschmack: überzeugend fruchtig-würzig mit etwas Säure
Pflanze: sehr hoch wachsend, bis 250 cm, stark verzweigt, gesunde Pflanze
Ertrag: 8 x 10-12 Blüten, Früchte bis 100 g, mittelfrüh bis zum Frost
Verwendung: Salat, Sauce, Konzentrat, Dörren
Standort: Gewächshaus, geschütztes Freiland
Besonderheiten: Vom Tomatenzüchter Opalka aus Polen um 1880 in die USA gelangt. Diese Sorte wird in der Liste der 100 besten Tomaten von Carolyn Male erwähnt.

mild-aromatisch

´Orange Flasche`

Frucht: Flaschentomate (M), orangegelb, dickwandig, dünnschalig,
Geschmack: mild-aromatisch mit schmelzendem Fruchtfleisch
Pflanze: hoch, aber zart wachsend mit größeren Blattabständen, bis 250 cm
Ertrag: 10-12x 7-9 Blütenstände, bis 150 g, mittelfrüh
Standort: Gewächshaus, geschütztes Freiland
Verwendung: Füllen, Sauce, Salat, Ketchup, Frischverzehr, Trocknen
Besonderheiten: Diese dickfleischige Flaschentomate kann leicht ausgehöhlt werden, so dass sie sich zum Füllen oder Grillen anbietet.

´Orangevaja Slivka`

süß-fruchtig

Frucht: Rundtomate (S), pflaumenförmig, orange, festes Fruchtfleisch, saftarm
Geschmack: süß-fruchtig mit mildem Aroma
Pflanze: hoch und unbegrenzt wachsend, stark verzweigt, entsprechend entgeizen
Ertrag: 6 x 8-16 Blüten, Früchte bis 40 g, mittelfrüh bis zum Frost
Verwendung: Salat, Gemüse, Dörren, Naschfrucht, Einlegen
Standort: Gewächshaus, geschütztes Freiland
Besonderheiten: Diese aus Russland stammende Sorte ist ein kältetoleranter Allrounder mit einem hohen Ertrag.

´Outdoor Girl`

fruchtig-würzig

Frucht: Rundtomate (S), rot mit Sprenkeln oder Streifen, dünnschalig, platzfest
Geschmack: intensiv fruchtig-würzig mit Säureanteil
Pflanze: niedrig wachsend, bis 100 cm, zarte Pflanze, schwach verzweigt, mehrtriebig ziehen, kälteverträglich
Ertrag: 6 x 10 Blüten, Früchte bis 30 g, früh bis zum Frost
Verwendung: Salat, Sauce, Direktverzehr
Standort: Gewächshaus, Freiland, Kübel, Balkon
Besonderheiten: Für kühlere Lagen ist diese sehr früh fruchtende Sorte geeignet. Sie stammt aus England um 1910.

mild-aromatisch

´Pêche Rosé`

Frucht: Rundtomate (L), rosa, rund, leicht behaart, matte Schale, saftig, weiches Fruchtfleisch
Geschmack: aromatisch mit ansprechender Milde, nicht mehlig werdend
Pflanze: hoch wachsend, bis 250 cm, schlanker Wuchs, kräftiger Spross, wenig verzweigt
Ertrag: 15 x 4-6 Blüten, Früchte bis 90 g, mittelfrüh bis spät
Verwendung: Salat, Sauce, Brotbelag, Trocknen
Standort: Gewächshaus, geschütztes Freiland
Besonderheiten: Historische Sorte aus Frankreich, die bereits um 1890 erstmals Erwähnung findet.

fruchtig-würzig

´Perito Italian`

Frucht: Flaschentomate (M), dickbauchig, rot, samenarm, saftarm
Geschmack: fruchtig-wükzig mit feiner Säure
Pflanze: sehr hoch wachsend, bis 250 cm, kräftiger Spross, schlanker Wuchs
Ertrag: 5 x 8-12 Blüten, Früchte bis 150 g, mittelspät bis zum Frost
Verwendung: Salat, Sauce, Gemüse, Mark, Dörren, Einlegen
Standort: Gewächshaus, geschütztes Freiland
Besonderheiten: Diese um 1900 aus Italien stammende Sorte zählt im Folientunnel zu den am längsten gesunden Pflanzen. Ihre Frucht ist sehr vielseitig zu verwenden.

´Principe Borghese`

mild-aromatisch

Frucht: Cocktailtomate (M), rot, oval, mit kleiner Spitze, feste Schale, wenig saftig
Geschmack: mild, süß-aromatisch mit feiner Säure
Pflanze: niedrig wachsend, bis 150 cm, schlanker Wuchs, kräftiger Spross, wenig verzweigt
Ertrag: 15 x 4-6 Blüten, Früchte bis 60 g, mittelfrüh bis spät
Verwendung: Salat, Sauce, Brotbelag, Trocknen
Standort: Gewächshaus, geschütztes Freiland
Besonderheiten: Alte italienische Tomatensorte, die sich vorzüglich zum Trocknen eignet.

´Purple Calabash`

würzig-aromatisch

Frucht: Rundtomate (L), mahagonifarben, flachrund, stark gerippt, saftig
Geschmack: delikat würzig-aromatisch mit Weinnote
Pflanze: mittelhoch wachsend, bis 160 cm, mittlere Verzweigung
Ertrag: 7 x 12-15 Blüten, verzweigte Fruchtstände, Früchte bis 200 g, mittelspät bis zum Frost
Verwendung: Salat, Gemüse, Brotbelag, Garniersorte
Standort: Gewächshaus, geschütztes Freiland
Besonderheiten: Diese außergewöhnlich aromatische Gourmetsorte ist bereits seit dem 16. Jahrhundert bekannt.

würzig-aromatisch

´Raf`

Frucht: Fleischtomate (L), hellrot, plattrund, leicht gerippt, vollfleischig, saftig
Geschmack: fein balanciert würzig-aromatisch
Pflanze: determinierter Wuchs, bis 100 cm, wenig krankheitsanfällig
Ertrag: 5 x 5-7 Blüten, Früchte bis 300 g, mittelspät bis zum Frost
Verwendung: Salat, Gemüse, Brotbelag, Concassé
Standort: Gewächshaus, Freiland, Balkon, Kübel
Besonderheiten: Eines der ältesten landwirtschaftlichen Produkte aus der Region Almeria/Spanien. ´Raf` bedeutet: resiste a fusarium (resistent gegen Schimmelpilze). Wird im Winter bis 10,00 € das Kilo gehandelt.

süß-würzig

´Red Fig`

Frucht: Cocktailtomate (S), rot, birnenförmig, saftig
Geschmack: süß, würzig mit feiner Säure
Pflanze: sehr hoch wachsend, bis 250 cm, schlanker Wuchs, kräftiger Spross, wenig verzweigt
Ertrag: Massenträger, Früchte bis 10 g, mittelfrüh bis spät
Verwendung: Salat, Sauce, Naschfrucht
Standort: Gewächshaus, geschütztes Freiland
Besonderheiten: Hierbei handelt es sich um eine der ältesten Sorten. Ihr Anbau soll in den USA bereits im 17. Jahrhundert erfolgt sein.

´Riesentraube`

mild-würzig

Frucht: Cocktailtomate (M), rund mit kleiner Spitze, rot, knackig
Geschmack: mild-würzig-aromatisch
Pflanze: determinierter Wuchs, wenig krankheitsanfällig, 2-/3-triebig ziehen
Ertrag: 5-6 Blütenstände mit bis zu 30 Früchten, bis 10 g, mittelspät bis zum Frost
Verwendung: Salat, Garniersorte, Naschfrucht
Standort: Gewächshaus, Freiland, Kübel, Balkon, Terrasse
Besonderheiten: Diese Sorte stammt aus Deutschland um 1920. Charakteristisch sind die stark verzweigten Blütenstände mit Massen von Früchten.

´Rio Grande`

fruchtig-würzig

Frucht: Flaschentomate (M), pflaumenförmig, rot, feste Schale, festes Fruchtfleisch, schnittfest, saftarm
Geschmack: wohlschmekkend fruchtig-würzig
Pflanze: mittelhoch wachsend, bis 160 cm, krautfäuleresistent
Ertrag: 6 x 6-7 Blüten, Früchte bis 100 g, mittelspät bis zum Frost
Verwendung: Salat, Sauce, Trocknen, Konzentrat
Standort: Gewächshaus, Freiland, Kübel, Balkon
Besonderheiten: 1960 aus Peru nach Italien eingeführte Sorte, die starke Temperaturschwankungen verträgt. Gilt in Italien als beliebteste Tomate für die Pasta-Sauce.

würzig-fruchtig

´Rote Zora`

Frucht: Flaschentomate (M), himbeerrot, dünne Schale, leicht abziehbar, saftarm
Geschmack: feinwürzig-fruchtig mit wenig Süße und Säure
Pflanze: sehr hoch, unbegrenzter, schlanker Wuchs, kräftiger Spross, krautfäuleresistent, kann mehrtriebig gezogen werden
Ertrag: 9 x 6-7 Blüten, Früchte bis 150 g, mittelspät bis zum Frost
Verwendung: Salat, Sauce, Trocknen, Einlegen
Standort: Gewächshaus, Freiland
Besonderheiten: Sie gehört zu den 10 besten Empfehlungen für den ökologischen Freilandanbau.

mild-fruchtig

´Roter Pfirsich`

Frucht: Rundtomate (L), rot, rund, samtig behaart, weiches Fruchtfleisch, saftig
Geschmack: mild, fruchtig, wenig Säure
Pflanze: sehr hoch wachsend, bis 250 cm, schlanker Wuchs, kräftiger Spross, wenig verzweigt
Ertrag: 15 x 3-7 Blüten, Früchte bis 120 g, mittelfrüh bis spät
Verwendung: Salat, Sauce, Brotbelag, Trocknen
Standort: Gewächshaus, geschütztes Freiland
Besonderheiten: Als ´Roter Pfirsich` wird sowohl die hier vorgestellte Form mit behaarter, roter Frucht kultiviert als auch eine mit unförmigen, hellroten Früchten.

´Rutgers`

würzig-fruchtig

Frucht: Fleischtomate (M), rot, manchmal schwach gerippt, vollfleischig, saftig
Geschmack: komplex würzig-aromatisch-fruchtig
Pflanze: determiniert und kompakt wachsend, bis 100 cm, krankheitsresistent
Ertrag: 4 x 6 Blüten, Früchte bis 200 g, spät bis zum Frost
Verwendung: Salat, Sauce, Concassé, Brotbelag
Standort: Gewächshaus, Freiland, Kübel
Besonderheiten: Hierbei handelt es sich um eine kälteverträgliche Züchtung der Rutgers University (USA, um 1935).
Die NASA benutzte sie für Weltraumexperimente.

´San Marzano`

mild-fruchtig

Frucht: Flaschentomate (M), mit Spitze, rot, feste Schale, festes Fruchtfleisch, schnittfest, saftarm
Geschmack: fruchtig, mild-aromatisch
Pflanze: mittelhoch wachsend, bis 160 cm, krankheitsresistent
Ertrag: 5 x 8-10 Blüten, Früchte bis 150 g, mittelfrüh bis zum Frost
Verwendung: Salat, Sauce, Trocknen, Einlegen
Standort: Gewächshaus, Freiland
Besonderheiten: Diese Sorte stammt aus San Marzano sul Sarno (Italien) und wurde bereits um 1920 erstmals erwähnt.

würzig-aromatisch

´Schwarze Birne`

Frucht: Rundtomate (M), birnen- oder beutelförmig, braun, dünnschalig, grünschultrig, saftig
Geschmack: würzig-aromatisch, rauchig, schmelzend
Pflanze: mittelhoch wachsend, bis 160 cm, schlanker Wuchs, große Blattabstände, mehrtriebig ziehen
Ertrag: 7 x 10-12 Blüten, Früchte bis 150 g, mittelspät bis zum Frost
Verwendung: Salat, Sauce, Brotbelag, Concassé
Standort: Gewächshaus, geschütztes Freiland
Besonderheiten: Ungewöhnliche Form trifft auf exzellenten Geschmack. Rarität aus den USA, ursprünglich aus Moldawien.

würzig-aromatisch

´Soldacki`

Frucht: Fleischtomate (L), pinkrot, dünnschalig, leicht gerippt, flachrund, vollfleischig, saftig
Geschmack: überzeugend würzig-aromatisch mit feiner Fruchtnote
Pflanze: mittelhoch wachsend, bis 160 cm, kartoffelblättrig, wenig anfällig
Ertrag: 4 x 10-12 Blüten, Früchte bis 300 g, mittelspät bis zum Frost
Verwendung: Salat, Sauce, Suppe, Brotbelag, Concassé
Standort: Gewächshaus ausschließlich
Besonderheiten: Diese Rarität stammt aus Krakau/Polen und ist um 1890 mit Auswanderern nach Cleveland/Ohio gelangt.

´St. Ignatius`

Frucht: Fleischtomate (M), leuchtend rot, glänzende, glatte, dünne Schale
Geschmack: angenehm würzig mit feiner Säure
Pflanze: hoch wachsend, bis 180 cm, kräftiges, gesundes Wachstum
Ertrag: 5-6 x 6-9 Blüten, bis 300 g, früher Erntebeginn
Standort: Freiland, Gewächshaus
Verwendung: Sauce, Auflauf, Suppe, Concassée
Besonderheiten: Hierbei handelt es sich um eine robuste und altbewährte Sorte aus Südtirol.

würzig-aromatisch

´Strawberry Orange`

Frucht: Fleischtomate (L), orange, teils erdbeerförmig, mehr oder weniger gerippt, samenarm, vollfleischig
Geschmack: gehaltvoll süß-aromatisch mit optimalem Säuregehalt, schmelzend
Pflanze: hoch und unbegrenzt wachsend, schlanker Wuchs, kräftiger Spross, wenig krankheitsanfällig
Ertrag: 6 x 8 Blüten, Früchte über 500 g, mittelfrüh bis spät
Verwendung: Salat, Sauce, Brotbelag, Trocknen
Standort: Gewächshaus, Freiland
Besonderheiten: Unglaublich produktive Heirloom-Sorte aus den USA.

süß-aromatisch

fruchtig-mild

´Teton de Venus`

Frucht: Fleischtomate (L), rot, herz- bis zwiebelförmig mit ausgeprägter Spitze, vollfleischig, samenarm
Geschmack: mild, fruchtig, schmelzend
Pflanze: mittelhoch wachsend, bis 180 cm, schlanker Wuchs, wenig verzweigt
Ertrag: 12 x 2-4 Blüten, Früchte bis 350 g, mittelfrüh bis spät
Verwendung: Salat, Sauce, Brotbelag, Trocknen
Standort: Gewächshaus, geschütztes Freiland
Besonderheiten: Die trotz ihres französischen Namens ursprünglich aus Italien stammende Sorte ist ebenfalls als Venusbrüstchen bekannt.

süß-aromatisch

´Tidwell German`

Frucht: Fleischtomate (L), rosarot, dünnschalig, vollfleischig, samenarm
Geschmack: perfekt tomatig mit einem Hauch von Zuckerdominanz, saftig
Pflanze: hoher und kräftiger Wuchs, bis 200 cm, kann mehrtriebig gezogen werden
Ertrag: 7 x 6-7 Blüten, Früchte bis 600 g, mittelspäter Erntebeginn
Standort: Gewächshaus, Freiland
Verwendung: Frischverzehr, Auflauf, Concassée, Sauce
Besonderheiten: Diese alte Familiensorte der Tidwells aus Tennessee wurde 2004 im Seed Savers Yearbook eingetragen.

mild-aromatisch

´Tlacolula Ribbed`

Frucht: Fleischtomate (M), Beutelform, rosarot, stark gerippt, teilweise hohl, kaum Samen
Geschmack: mild-aromatisch, wenig Saft
Pflanze: sehr hoch wachsend, bis 250 cm
Ertrag: 8-10 x 8 Blüten, Früchte bis 250 g, später Erntebeginn
Standort: Gewächshaus empfehlenswert, da sie zur Reifung viel Wärme benötigt
Verwendung: Schmoren, Trocknen, Sauce
Besonderheiten: Diese sehr ertragreiche und außergewöhnliche Sorte mit ihren besonderen Kocheigenschaften geht auf die Mayas Mexikos zurück.

aromatisch

´Uroma aus dem Passeiertal`

Frucht: Fleischtomate (M), rot, gleichmäßige Früchte, dünnschalig
Geschmack: perfektes Zucker-Säure-Verhältnis, saftig
Pflanze: hoch wachsend, bis 200 cm, kräftiger und gesunder Wuchs
Ertrag: 6-7 x 8 Blüten, Früchte bis 350 g, mittelspäter Erntebeginn
Standort: Gewächshaus empfehlenswert zur Verfrühung des Erntebeginns
Verwendung: Frischverzehr, Salat, Gemüse, Sauce
Besonderheiten: Diese wohlschmeckende und ertragreiche, alte Familiensorte habe ich auf einem Bauernmarkt in Südtirol erstanden.

aromatisch

´Veras Paradeiser`

Frucht: Fleischtomate (M), Ochsenherztyp mit stumpfer Spitze, rosarot, dünnschalig, kernarm
Geschmack: balancierter Zucker-Säure-Anteil, sämiges Fruchtfleisch
Pflanze: sehr hoch wachsend, bis 220 cm, lockeres Wachstum
Ertrag: 7-8 x 5-7 Blüten, bis 300 g, mittelfrüher Erntebeginn
Standort: Gewächshaus aber auch Freiland
Verwendung: Frischverzehr, Salat, Gemüse, Sauce
Besonderheiten: ´Veras Paradeiser` ist geschmacklich interessanter als andere Ochsenherztomaten. Sie ist reich tragend und stammt vermutlich aus Bosnien.

aromatisch

´Vintage Wine`

Frucht: Fleischtomate (XL), orange-rot gestreift, dicke Schale, samenarm, Fruchtfleisch pink
Geschmack: hoch aromatisch mit etwas Säuredominanz, saftig
Pflanze: mittelhoch wachsend, bis 150 cm,
Ertrag: 6 x 6-9 Blüten, bis 700 g, mittelspät
Standort: Gewächshaus, geschütztes Freiland
Verwendung: Concassée, Salat, Gemüse, Chutney
Besonderheiten: Diese nicht nur hübsche, sondern auch sehr leckere und vielseitige Tomatensorte stammt aus den USA.

´Virginia Sweets`

süß-fruchtig

Frucht: Fleischtomate (L), gelb-orange geflammt mit rosa Stern, marmoriertes Fruchtfleisch, leicht gerippt, dünnschalig
Geschmack: wunderbar süß-fruchtig, saftig
Pflanze: mittelhoch wachsend, bis 160 cm, mehrtriebig ziehen
Ertrag: 6 x 4-5 Blüten, bis 600 g, später Erntebeginn
Standort: Gewächshaus, um einen früheren Erntebeginn zu erreichen
Verwendung: Salat, Concassée, Gemüse, Auflauf
Besonderheiten: ´Virginia Sweets` ist nicht nur eine wunderschöne, sondern auch eine ausgesprochen leckere Heirloom-Sorte aus den USA.

´Weiß Behaarte`

süß-aromatisch

Frucht: Rundtomate (S), cremeweiß, in Vollreife gelb, leicht behaart, rund bis oval, weiche Schale
Geschmack: aromatisch mit deutlicher Zuckerdominanz, sehr saftig
Pflanze: sehr hoch wachsend, bis 250 cm, sehr gesundes Wachstum, pilztolerant
Ertrag: 8-9 x 7-9 Blüten, Frucht bis 50 g, früh reifend
Standort: Gewächshaus, geschütztes Freiland
Verwendung: Naschfrucht, Salat, Auflauf, Gemüse
Besonderheiten: Diese deutsche Vorkriegssorte kann durch Anbau im Gewächshaus noch früher zur Reife gebracht werden.

fruchtig-aromatisch

´Wunder der Erde`

Frucht: Fleischtomate (M), herzförmig, orange, teilweise stark gerippt, dünnschalig, kernarm
Geschmack: überraschend aromatisch-fruchtig, sämiges Fruchtfleisch
Pflanze: sehr hoch und unbegrenzt wachsend, bis 250 cm, schlanker Wuchs, mehrtriebig ziehen
Ertrag: 8-10 x 6-8 Blüten, Früchte bis 300 g, mittelfrüh bis zum Frost
Standort: Gewächshaus, geschütztes Freiland
Verwendung: Salat, Gemüse, Concassée, Brotbelag
Besonderheiten: Sie ist fast ein Massenträger mit einer Ernte bis zum Frost. Unter dem Namen ist auch eine rote Variante bekannt.

mild-würzig

´Zahnradtomate`

Frucht: Fleischtomate (M), Beutelform, pinkrot, stark gefaltet, meist hohl, kernarm
Geschmack: mild-würzig mit Fruchtaromen, saftarm, überreif leicht mehlig
Pflanze: mittelhoch wachsend, bis 180 cm, 2- bis 3-triebig ziehen
Ertrag: 5-6 x 8-12 Blüten, Früchte bis 250 g, mittelfrüh
Standort: Gewächshaus, da wärmeliebend
Verwendung: Füllen, Frischverzehr, Dekoration, Trocknen, Einlegen
Besonderheiten: Diese sehr außergewöhnliche Beuteltomate mit ihren vielfältigen Kocheigenschaften stammt aus der Schweiz.

´Zaofen`

süß-aromatisch

Frucht: Fleischtomate (M), abgeflacht, pinkrot
Geschmack: angenehm aromatisch mit Zucker und Säure, saftig
Pflanze: mittelhoch wachsend, bis 160 cm, gesundes Wachstum
Ertrag: 6-7 x bis zu 12 Blüten, bis 200 g, mittelfrüh
Standort: Gewächshaus, aber auch Freiland
Verwendung: Salat, Concassée, Gemüse, Auflauf
Besonderheiten: ´Zaofen` ist eine freilandgeeignete, leckere Fleischtomate aus China mit wunderschön gleichmäßigen Früchten.

´Zuckertraube`

süß-aromatisch

Frucht: Cocktailtomate (M), rot, nicht ganz platzfest
Geschmack: überzeugend aromatisch mit viel Süße, saftig
Pflanze: hoch und unbegrenzt wachsend, kräftig und gesund
Ertrag: Massen von Blütenständen mit bis zu 20 Blüten, bis 20 g, mittelfrüh
Standort: Gewächshaus, Freiland
Verwendung: Naschfrucht, Salat, Sauce, Trocknen
Besonderheiten: Die ´Zuckertraube`, auch als „Mexikanischer Honig“ bekannt, ist ein Massenträger mit Ernte bis zum Frost. Der Name steht für ausgezeichneten Geschmack. Stammt wohl aus Mexico.

Sorte	Frucht	Pflanze	Besonderheiten
´AAA Sweet Solano`	gelbe Rundtomate mit grünen Streifen, später orange mit dunklen Streifen, fruchtig, mild-säuerlich, saftig, bis 150 g	hoch wachsend, bis 200 cm, mittlere Verzweigung, lockerer Wuchs, geschützter Anbau empfehlenswert	samenfeste Sorte von Wild Boar Farms, Kalifornien, sehr hübsche und dekorative, mittelspäte Frucht
´Ailsa Craig Yellow Flesh`	hellgelbe Rundtomate, bis 60 g, saftig, weiche Schale, platzfest, lange Ernte	sehr hoch wachsend, über 200 cm, pilztolerant, kräftiger Wuchs, stark verzweigend	gute Freilandtomate, längste Ernte bei Überdachung
´Aufbinder`	rote Rundtomate, bis 80 g, platzfest, früher Erntebeginn, würzig-aromatisch	hoch wachsend, bis 180 cm, kartoffelblättrig, lockerer Pflanzenaufbau, pilztolerant	Herkunft Tschechien, mehrtriebig ziehen, langanhaltende Ernte
´Aunt Ruby's German Green`	gelbgrüne Fleischtomate, stark gekerbt, saftig, erfrischend würzig mit geringem Zuckeranteil, bis 600 g	mittelhoch wachsend, bis 160 cm, später Erntebeginn, wärmeliebend	historische Familiensorte (Ruby Arnold vermachte vor ihrem Tod den Samen SSE), aus Deutschland in die USA
´Baschkirische Rose`	rosarote Fleischtomate mit kleiner Spitze, bis 200 g, betont süß-aromatisch, saftig, weiche Schale, vollfleischig	mittelhoch wachsend, bis 160 cm, Erntebeginn mittelspät, wärmeliebend	Herkunft Baschkortostan / Russland, bester Tomatengeschmack
´Beefsteak`	rote Fleischtomate, bis 300 g, überzeugendes Tomatenaroma, festes Fruchtfleisch	mittelhoch wachsend, robust, tolerant gegenüber Kälte und Feuchtigkeit, ertragreich	historische Sorte aus den USA, freilandgeeignet, sehr beliebt, gute Saucentomate
´Black Truffle`	braunschwarze Birnenform, wundervoll intensives Tomatenaroma, bis 150 g, schnittfest	niedrig wachsend, eine der widerstandsfähigsten Sorten, freilandgeeignet	sehr bekannte historische russische Sorte, die dunkle Farbe hängt von der Sonnenintensität ab
´Blondköpfchen`	gelbe Cocktailtomate, bis 30 g, angenehm süß-aromatisch, mittelfrüher Erntebeginn	hoch wachsend, bis 200 cm, unglaublich produktiv, kann mehrtriebig gezogen werden	als Herkunftsland werden Deutschland, aber auch Ungarn und die ehemalige UDSSR angegeben
´Caro Rich`	leuchtend orangerote Fleischtomate, bis 500 g, leicht gerippt, spät reifend, fruchtig-aromatisch	hoch wachsend, bis 200 cm, hoher Ertrag, wärmeliebend, mittelspäter Erntebeginn	mindestens 5x mehr Beta-Carotin als andere Sorten, Herkunft Kentucky, Überdachung empfehlenswert
´Cerise`	pinkrote Cocktailtomate, glänzende, feste Schale, platzfest, gut lagerfähig, würzig-aromatisch mit wenig Säure, bis 30 g	hoch wachsend, pilztolerant, freilandgeeignet, mittelfrüher und lang anhaltender Ertrag	Herkunft Frankreich (1861), gehört zu den 10 besten Sorten für den Freilandanbau (Georg-August Uni.)

Sorte	Frucht	Pflanze	Besonderheiten
´Coracao de Boi`	rosarote, kleine Birnenform, bis 50 g, weiche und dünne Schale, feinwürzig	mittelhoch wachsend, schlanker Wuchs, nicht sehr üppig verzweigt, geschützt anbauen	außergewöhnliche Form, verschiedene Schreibweisen und Fruchtbeschreibungen
´Dattelwein`	gelbe, birnenförmige, Cocktailtomate, bis 10 g, süß-fruchtig, säurearm, bis 100 Früchte an verzweigten Trauben, platzfest	niedrig und determiniert wachsend, unempfindlich, für Kübel und Balkon geeignet	Herkunft Deutschland, Kindernaschfrucht, enorm produktiv für eine Kübelpflanze
´De Berao Black`	rotbraune Eiertomate, festes Fruchtfleisch, feste Schale, lagerfähige Früchte, bis 80 g, würzig-rauchig mit wenig Süße	hoch wachsend, mittlere Verzweigung, gesundes Laub, robuste Pflanze	lange Ernte, gute Freilandeignung, schnittfest und guter Brotbelag, schöne, gleichmäßige Früchte
´Deutsche Fleiß`	rote Rundtomate, bis 100 g, leicht gekerbt, mittelspät reifend, saftig, säurebetont	hoch wachsend, bis 220 cm, kartoffelblättrig	bei Vollreife nicht ganz platzfest, langer Ertrag, gute Kochtomate, historische deutsche Sorte
´Dr. Carolyn`	elfenbeinfarbene Cocktailtomate, bis 20 g, fruchtig-süß-aromatisch, Früchte in Trauben	sehr hoch wachsend, schlanker Wuchs, mittelspäter Erntebeginn, unempfindlich, freilandgeeignet	Abkömmling von Galina, stabilisiert von Carolyn Male (Buchautorin USA), geeignet für Kübelkultur
´Druzba`	dunkelrote Fleischtomate, bis 500 g, klassisches Tomatenaroma, samenarm, sehr saftig, feste Schale	hoch wachsend, bis 200 cm, später Erntebeginn	historische Sorte aus Bulgarien (druzba = Freundschaft), Rarität
´Earl of Edgecombe`	bernstein-orange, kleine, leicht gekerbte Fleischtomate, würzig, schmelzend, platzfest, bis 180 g	mittelhoch wachsend, kleines Kartoffelblatt, mittelspäter Erntebeginn, empfindlich, geschützter Anbau	Herkunft Neuseeland, um 1950 nach England gelangt, eine der schönsten orangen Fleischtomaten
´Edelrot`	sattrote Rundtomate, bis 150 g, leicht gerippt, saftig, dünnschalig, würzig-aromatisch	mittelhoch wachsend, bis 160 cm, kartoffelblättrig, früher Erntebeginn, schlanker Wuchs	Herkunft Ostdeutschland, Re-Import aus USA, möglicherweise identisch mit Red Supreme
´Elbe`	rote Fleischtomate, spät reifend, überraschend würzig mit Tendenz zur Süße, bis 300 g	hoch wachsend, kräftiger Wuchs, robust, pilztolerant, für kühle Anbaugebiete geeignet	persönlicher Favorit von Gary Ibsen (Tomatenspezialist in den USA), erstmalige Erwähnung 1880
´Ernteglück`	hellrote Cocktailtomate, süß-aromatisch, bis 20 g, früher Erntebeginn, platzfest, eine der süßesten Tomaten weltweit	sehr hoch wachsend, bis 220 cm, Trauben mit bis zu 30 Früchten, pilztolerant	Herkunft Schlesien, um 1920, kann als Spaliertomate gezogen werden, dann wenig entgeizen

´Coracao de Boi` ´Deutsche Fleiß` ´Dr. Carolyn` ´Druzba` ´Earl of Edgecombe` ´Ernteglück`

Sorte	Frucht	Pflanze	Besonderheiten
´Federle`	rote Flaschentomate, bis 100 g, samenarm, dünnschalig, festes Fruchtfleisch, würzig-aromatisch	hoch wachsend, bis 180 cm, schlanker Wuchs, hängendes Laub, mehrtriebig ziehen, wärmeliebend	besonders für die Pastasauce geeignet, da sämiges Fruchtfleisch, Überdachung empfehlenswert
´Feldscheune`	dunkelgelbe Cocktailtomate, bei Reife orange, eiförmig, bis 20 g, süß-aromatisch	hoch wachsend, bis 200 cm, robust und widerstandsfähig, freilandgeeignet	Herkunft Schönhagen/ Thüringen, Massenträger
´Ficarazzi`	rote Fleischtomate, bis 200 g, gerippt, flachrund, würzig-aromatisch	hoch wachsend, bis 180 cm, sehr ertragreich, früher Erntebeginn, robust	historische Sorte aus Erfurt (1906), geschmacklich eine der besten frühen Sorten, freilandgeeignet
´Fioline`	rote, zäpfchenförmige Cocktailtomate, bis 8 g, glänzend, knackig-würzig mit angenehmer Süße, Massenträger	sehr hoch und unbegrenzt wachsend, bis 3 m, unempfindliches Laub, mehrtriebig ziehen	Kindernaschfrucht, freilandgeeignet, kann im Kübel und auf dem Balkon gezogen werden
´Fuoco d'Oro`	hellgelbe Fleischtomate, teilweise gerippt, bis 200 g, saftig, fein-säuerlich, sehr dünnschalig	mittelhoch wachsend, bis 170 cm, ertragreich, mittelfrüher Erntebeginn, gesunder Wuchs	Herkunft Toscana, durchscheinende Fruchthaut, Rarität, durchaus freilandgeeignet
´Fuzzy Wuzzy`	rot-gelb gestreifte Rundtomate, teilweise eiförmig mit Spitze, behaart, mild-süß, unterschiedliche Größen	niedrig wachsend, determiniert, mittelfrüher Erntebeginn, silbrig behaart, mehrtriebig ziehen	Kübel-, Ampel- und Topftomate, je länger sie am Strauch bleiben, desto süßer werden sie
´Galina`	leuchtend gelbe Cocktailtomate, fruchtig-mild-aromatisch, wenig Süße, bis 20 g	sehr hoch wachsend, dunkles und kartoffelblättriges Laub, früher Erntebeginn, unempfindlich, kältetolerant	Herkunft Sibirien, freilandgeeignet, unterschiedliche Fruchtfarben
´Gelbe von Thun`	gelbe kleine Rundtomate, bis 50 g, erfrischend aromatisch, frühe Ernte	hoch wachsend, bis 200 cm, robust und widerstandsfähig, lockerer Wuchs	Herkunft Schweiz, sehr reiche Ernte, Balkontomate, für höhere Lagen geeignet, dekorativ
´Goldene Königin`	gelb-orange Rundtomate, bis 80 g, dünnwandig, platzfest, säurearm, süß-fruchtig	hoch wachsend, bis 180 cm, mittelstarker Wuchs	Herkunft Deutschland/ Quedlinburg, seit 1870 bekannt und im Handel, reift gut nach
´Goldtröpfchen`	gelbe, tropfenförmige Cocktailtomate, bis 20 g, süß-aromatisch	sehr hoch wachsend, bis 300 cm, kartoffelblättrig, mittelfrüher Erntebeginn	Herkunft Russland, Früchte werden mit zunehmender Reife süßer, hervorragender Geschmack

Sorte	Frucht	Pflanze	Besonderheiten
´Gran's Portuguese Neighbour`	rosa bis hellrote Fleischtomate, bis 500 g, herzförmig, gerippt, vollfleischig, mild-aromatisch, wenig Säure	hoch wachsend, bis 250 cm, mittlerer Ertrag	Denise S. aus Kanada hat die Samen von ihrem 99-jährigen Nachbarn erhalten.
´Green Zebrina`	grün-gelb gestreifte Rundtomate, bis 60 g, weich, saftig, nachhaltig würzig-fruchtig	mittelhoch wachsend, mittlere Verzweigung, vor Dauerregen schützen	Herkunft vermutlich Südengland, um 1930 erstmals erwähnt, für Liebhaber grüner Sorten empfehlenswert
´Green Pear`	grüne, birnenförmige Cocktailtomate, bis 10 g, süß-würzig, festschalig, platzfest, Massenträger	mittelhoch bis hoch wachsend, bis 250 cm, robuste Sorte	Herkunft USA, sehr lange Ernteperiode, tolerant gegenüber Temperaturschwankungen
´Green Pineapple`	grüne bis gelbgrüne Fleischtomate, bis 300 g, würzig bis süß-würzig mit einem Hauch Ananas, spätreifend	hoch wachsend, bis 200 cm, 2-triebig ziehen	Herkunft Springfield/Ohio, empfiehlt sich wegen der späten Ernte für das Gewächshaus
´Gregoris Altai`	rosarote bis rote Fleischtomate, flachrund, mehr oder weniger gerippt, bis 600 g, typisch tomatig, vollfleischig, mittelfrüh	hoch wachsend, bis 200 cm, ertragreich über eine lange Ernteperiode	robuste, aus dem Altai-Gebirge im Süden Sibiriens stammende Sorte mit leicht variablen Früchten
´Haley's Purple Comet`	purpurfarbene Rundtomate mit grüner bis grauer Schulter, bis 80 g, ausgewogenes Zucker-Säure-Verhältnis	hoch wachsend, bis 200 cm, mittlere Verzweigung	von Brad Gates (Wild Boar Farms/Kalifornien) verbreitete, mutagene Veränderung der ´Cherokee Purple`
´Harzfeuer`	rote Rundtomate, bis 80 g, ausgewogenes Zucker-Säure-Verhältnis, festes Fruchtfleisch, platzfest	hoch wachsend, bis 200 cm, robuste Sorte	Herkunft ehemalige DDR, seit 1953 bekannt, bei Vollreife weicher
´Haubners Vollendung`	rote Rundtomate, bis 60 g, Trauben mit 7-8 Früchten, würzig mit dominantem Säureanteil	hoch wachsend, schlanker Wuchs, wenig krankheitsanfällig, sehr hoher Ertrag	Herkunft Deutschland um 1950, Standardsorte in deutschen Gärten
´Heidelberger Braune`	rotbraune Eiertomate, am Blütenansatz grünschultrig, mild-aromatisch, wenig Säure	hoch wachsend, bis 180 cm, mittlere Verzweigung	historische deutsche Sorte, Rarität, regionale Anpassung
´Heinz`	rote Rundtomate, feste Schale, spät reifend, bis 120 g, fein-würzig, platzfest	mittelhoch wachsend, bis 150 cm, wärmeliebend, widerstandsfähig	Diese Sorte wurde in den USA für die Herstellung von Ketchup gezüchtet.

´Gran's Portuguese Neighbour`

´Green Zebrina`

´Green Pear`

´Gregoris Altai`

´Haley's Purple Comet`

´Heidelberger ´Braune`

Sorte	Frucht	Pflanze	Besonderheiten
´Hellperle`	hell- bis mittelrote Rundtomate, bis 50 g, würzig-aromktisch, platzfest, früher Erntebeginn	hoch wachsend, bis 220 cm, widerstandsfähig, ca. 8-10 Früchte je Traube	historische Sorte aus Ostdeutschland, gute Freilandeignung, sehr ertragreich
´Il Migliore di Sacco`	rote Flaschentomate, dünnschalig, samenarm, schmelzendes Fruchtfleisch, bis 120 g	hoch wachsend, hängendes Laub, wenig verzweigend, mehrtriebig ziehen	alte Familiensorte aus Kalabrien, Herr Sacco zog die Pflanzen an einem Spalier
´Ivory Drops`	elfenbeinfarbige, eiförmige Cocktailtomate, bis 7 g, süß, Massenträger, platzfest, mittelfrüh	mittelhoch bis hoch wachsend, bis 200 cm, mehrtriebig ziehen	Naschfrucht, eingeschränkt freilandgeeignet, kann im Kübel gezogen werden
´Junifreude`	rotbraune Rundtomate, bis 40 g, feste Schale, schmelzendes Fruchtfleisch, mittelfrüh, betont süß-aromatisch	hoch wachsend, bis 200 cm, Massenträger, widerstandsfähig, freilandgeeignet	eine frühe Freilandtomate, Herkunft Deutschland
´König Humbert`	rote Rundtomate, pflaumenförmig, feste Schale, festes Fruchtfleisch, mild-aromatisch, saftarm, bis 50 g	hoch wachsend, mittelfrüher Erntebeginn, relativ krankheitsresistent, guter Ertrag	Herkunft Italien um 1885, benannt nach König Umberto I. von Italien, gute Lagertomate
´Lämpchen`	goldgelbe kleine Eiertomate, früh reifend, erfrischend süß-würzig, lagerfähig, platzfest, bis 60 g	hoch wachsend, stark verzweigend, gute Pilztoleranz, freilandgeeignet	Früchte leuchten in der Dämmerung, überraschend aromatisch für eine gelbe Tomate, Russland
´Large Barred Boar`	braune Fleischtomate mit olivgrünen Sprenkeln, teils gekerbt, abgeflacht, weich, saftig, würziges Aroma, bis 250 g	mittelhoch wachsend, mittelfrüher Erntebeginn, geschützter Anbau nicht zwingend	Herkunft Wild Boar Farms, Kalifornien
´Lasting Love`	rote, kleine Flaschentomate, Früchte stehen in Trauben, fruchtig-süß, feste Schale, platzfest, knackig, bis 15 g	hoch wachsend, verhalten verzweigend, mittlerer Ertrag	gute Lagerfähigkeit, trotz mäßigen Ertrages lohnt der Anbau
´Liguria`	birnen- bis beutelförmige Fleischtomate, bis 600 g, mild-süß, gerippt, samenarm, vollfleischig, feste Schale	hoch wachsend, bis 250 cm, mittelfrüher Erntebeginn	zu den Ochsenherz-Tomaten zählende Sorte, Herkunft Italien
´Lukullus`	rote Rundtomate, erfrischend mild-säuerlich, bis 60 g, platzfest, früh reifend	hoch wachsend, bis 200 cm, kann mehrtriebig gezogen werden, bis 15 Früchte pro Traube, pilztolerant	seit 1906 in Deutschland bekannt, sehr angepasste Sorte, verhalf der Tomate zum Durchbruch

´Hellperle` ´Il Migliore di Sacco` ´Ivory Drops` ´König Humbert` ´Lasting Love` ´Liguria`

Sorte	Frucht	Pflanze	Besonderheiten
´Mortgage Lifter Bicolored`	gelb-orange marmorierte, samenarme Fleischtomate, vollfleischig, süß-fruchtig, Hauch von Melone und Pfirsich, 600 g	hoch wachsend, verhältnismäßig unempfindlich, hoher Ertrag für eine Fleischtomate	C. Byles (West Virginia) soll durch den Tomatenverkauf seine Hypothek getilgt haben (= Mortgage L.)
´Moskovich`	tiefrote Rundtomate, exzellent aromatisch, saftig, weich	mittelhoch wachsend, sehr früher Erntebeginn, kälte- und nässeverträglich freilandgeeignet	historische Sorte, um 1960 von russischen Auswanderern (Altai) nach Vancouver/Kanada mitgebracht
´Nebraska Wedding`	orange Fleischtomate, bis 200 g, früher Erntebeginn, süß-aromatisch, platzfest, gute Lagerfähigkeit	mittelhoch wachsend, bis 150 cm	Herkunft Nebraska, um 1900, Brautleute bekamen Tomatensamen für die Gründung einer Farm
´Ochsenherz Quattro`	rote, herzförmige Fleischtomate, dünnschalig, samenarm, süß-fruchtig, aromatisch, schmelzend, bis 200 g	hoch wachsend, bis 200 cm, schlanker Wuchs, mittlere Verzweigung, gesundes Wachstum, mittelspät	geschützter Anbau empfehlenswert, dann unglaublich produktiv und langer Ertrag
´Old Ivory Egg`	elfenbeinfarbige, in Vollreife gelbe Eiertomate, bisweilen leicht birnenförmig, fruchtig-süß, bis 80 g	hoch wachsend, bis 250 cm, mittelfrüher Erntebeginn	robuste Heierloom-Sorte, eingeschränkt für die Freilandhaltung geeignet
´Omar's Lebanese`	pinkfarbene Fleischtomate, gekerbt, flachrund, bis 500 g, schmelzend, würzig-aromatisch, in kühlen Gegenden kleiner	hoch wachsend, bis 180 cm, mittelspäter Erntebeginn	Familiensorte aus dem Libanon, 1995 in einem Geschmackstest ausgezeichnet, Gourmet-Sorte
´Onkel Gustav`	rote Cocktailtomate, dünnschalig, äußerst süß-aromatisch, mittlerer Ertrag, sehr lange Ernteperiode	hoch wachsend, kräftige Pflanze, früher Erntebeginn, für Kübel und Balkon geeignet, mehrtriebig ziehen	alte Familiensorte, Tomate des Jahres 2012 beim BUND Salzgitter, Kindernaschfrucht
´Prinz von Sachsen und Coburg`	tiefrote Fleischtomate, plattrund, äußerst saftig, nachhaltig würzig-aromatisch, bis 400 g	mittelhoch wachsend, robust, mittelspäter Erntebeginn, unempfindlich	Herkunft Deutschland, historische Sorte
´Purple Smudge`	purpurrote Rundtomate mit violetten Flecken, würzig-süß, saftig, bis 150 g	mittelhoch wachsend, mittlere Verzweigung, mittelspäter Erntebeginn, dunkles und gesundes Laub	hoher Anthocyangehalt, Farbintensität der Flecken hängt von der Sonneneinstrahlung ab, USA 1962
´Quedlinburger frühe Liebe`	rote Rundtomate, teilweise leicht gekerbt, delikat aromatisch-süß, bis 40 g, 20 Früchte pro Traube	niedrig wachsend, früher Erntebeginn, dunkles und gesundes Kartoffelblatt, unempfindlich, freilandgeeignet	ehemalige DDR-Sorte, für Kübel und sogar Balkonkasten geeignet, guter Ertrag für niedrigen Wuchs

ortgage Lifter colored` ´Moskovich` ´Nebraska Wedding` ´Ochsenherz Quattro` ´Old Ivory Egg` ´Purple Smudge`

Sorte	Frucht	Pflanze	Besonderheiten
´Red Oxheart`	rote, herzförmige Fleischtomate, bis 400 g, saftarm, samenarm, schmelzendes Fruchtfleisch, aromenreich	hoch wachsend, schlanker Wuchs, 2-triebig ziehen, geschützter Anbau empfehlenswert	sehr produktiv, Ende des 19. Jahrhunderts aus Italien in die USA gelangt, gute Saucentomate
´Regina di Torre Canne`	pinkrote Cocktailtomate, betont süß-aromatisch, wenig Säure, bis 20 g, feste Schale	mittelhoch wachsend, bis 150 cm, üppiger Ertrag, mehrtriebig ziehen	um 1850 aus Region Solento, der Tomatenstiel mit den Kelchblättern hat die Form einer Krone
´Resi`	knallrote Cocktailtomate, glänzende Schale, knackig würzig-aromatisch, bis 40 g	sehr hoch wachsend, üppiges Laub, kräftiger Wuchs, mehrtriebig ziehen, pilztolerant, mittlerer Ertrag	auch bei geringerem Ertrag ist der Anbau lohnenswert, aus Deutschland stammend
´Rheinlands Ruhm`	rote Rundtomate, bis 100 g, ausgewogen würzig-aromktisch, schnitt- und platzfest	hoch wachsend, bis 250 cm, gesundes Wachstum, regional angepasst, reiche Ernte	Früchte halten lange am Strauch, Verbesserung der ´Bonner Beste`, gezüchtet von der Familie Frembgen
´Riesenfleisch-tomate`	rote Fleischtomate, saftig, vollfleischig, bis 1000 g, klassisches Tomatenaroma, teilweise Herzform, leicht gekerbt	mittelhoch wachsend, pro Traube bis zu 5 Früchte, muss mehrfach gestützt werden	für Liebhaber großer Fleischtomaten ideal, eine Frucht reicht für die ganze Familie
´Rio Fuego Confizione`	rote Flaschentomate, dickbauchig, Paprikaform, bis 100 g, süß-aromatisch	mittelhoch und determiniert wachsend, bis 150 cm, robust, pilztolerant, freilandgeeignet	historische Sorte aus dem Raum Neapel, gute Eignung für Pasta-Saucen, verträgt Regen, Rarität
´San Marzano Lampadina`	walzenförmige bis leicht birnenförmige, rote Flaschentomate, bis 50 g, mild-aromatisch, wenig Fruchtfleisch	mittelhoch wachsend, bis 150 cm, ertragreich, mittelspät	eine seltene Variante der San Marzano-Tomaten mit fleischigen Fruchtwänden, wenig Fleisch, teilweise hohl
´Sandul Moldovan`	pinkrote Fleischtomate, bis 500 g, plattrund, gekerbt, ausgewogene Zucker-Säure-Balance mit einem Hauch Melone	hoch wachsend, bis 200 cm, schlanker Wuchs, mehrtriebig ziehen	Familiensorte der Familie Sandul aus Moldawien, mit dieser in die USA gelangt
´Schmatzefein`	rosarote bis rote Cocktailtomate, bis 10 g, fruchtig-süß, Massenträger	unbegrenzt wachsend, mehrtriebig ziehen, freilandtauglich, robust, mittelspäter Erntebeginn	vermutlich eine Kreuzung mit der Pfirisichtomate, um 2000 aus Bayern
´Schneewittchen`	cremeweiße Cocktailtomate, bis 20 g, süß-fruchtig, saftig, zarte Schale, mittelspät	mittelhoch wachsend, bis 150 cm, Trauben mit vielen Früchten	Herkunft Schweiz, wenig entgeizen, manche Früchte haben rosa Bäckchen

´Red Oxheart` ´Riesenfleischtomate` ´San Marzano Lampadina` ´Sandul Moldovan` ´Schmatzefein` ´Schneewittchen`

Sorte	Frucht	Pflanze	Besonderheiten
´Schwarzwälder Erdbeere`	rosarote, erdbeerförmige, samenarme Fleischtomate, bis 300 g, cremig fruchtig-aromatisch, dünnschalig, vollfleischig	hoch wachsend, bis 200 cm, schlanker Wuchs, Ernte mittelspät bis zum Frost, mehrtriebig ziehen	um 1800 aus dem Schwarzwald in die USA gelangt, eine der ältesten erwähnten deutschen Sorten
´Serendipity Striped`	gelb-orange marmorierte Fleischtomate, samenarm, saftig, vollfleischig, fruchtig-würzig, tropisches Aroma, bis 800 g	hoch wachsend, nicht stark verzweigend, hoher Ertrag im Verhältnis zur Fruchtgröße	zufällige Entdeckung von Gary Ibsen (Besitzer von TomatoFest), wahrscheinlich eine Erbstück-Tomate
´Spear's Tennessee Green`	smaragdgrüne Fleischtomate, leicht gekerbt und abgeflacht, bis 250 g, saftig, ausgewogenes Zucker-Säure-Verhältnis	mittelhoch wachsend, bis 160 cm, später Erntebeginn, kräftiges Wachstum, vor Regen schützen	Familiensorte der Familie Spear aus Tennessee, seit 1950 bekannt, hervorragender Geschmack, Rarität
´Striped Roman Yellow`	gelb-grün, später gelb-rot gestreifte Flaschentomate mit langer Spitze, saft-, samen- und säurearm, fein-würzig, bis 100 g	hoch und schlank wachsend, wenig verzweigend, zartes und hängendes Laub, geschützter Anbau	attraktive Form und Färbung, vermutlich entwickelt von J. Swenson (Mitglied Seed-Savers Exchange)
´Subarctic Maxi`	rote Rundtomate, mild-aromatisch mit feiner Säure, saftig, bis 60 g	niedrig wachsend, bis 80 cm, verträgt wenig Hitze, aber kühle Temperaturen	Herkunft Kanada, Anbau im Schatten möglich, Halbschatten empfehlenswert
´Sweet Million`	rote Cocktailtomate, bis 20 g, obstartig süß-fruchtig, platzfest, mittelfrüh	mittelhoch wachsend, reich verzweigend, Trauben mit bis zu 50 Früchten, langer Ertrag, pilztolerant	die ideale Frucht für Naschkatzen, freilandgeeignet, im Handel fast nur als F1-Hybride angeboten
´Thomas Green`	grüne Fleischtomate, bei Reife leicht gelblich, saftig, weich, teilweise gekerbt, kontrastreich fruchtig-würzig, bis 200 g	mittelhoch wachsend, Trauben mit vielen Früchten, auch als Kübelpflanze geeignet	wunderbares Aroma, für Liebhaber grüner Tomaten ein Muss
´Tondino Maremmo`	rote Cocktailtomate, knackig, saftig, bis 10 g, komplex süß-aromatisch	determiniert, bis 50 cm, robust und unempfindlich	aus der Provinz Rom stammende Balkontomate, grün geerntete Früchte reifen gut nach, Naschfrucht
´Yellow Stone`	gelbe-orange marmorierte Fleischtomate, fein balanciert fruchtig-aromatisch, bis 400 g	mittelhoch wachsend, nicht sehr stark verzweigend	wunderschön im Aufschnitt, für Liebhaber der säureärmeren Tomaten empfehlenswert, Heirloomsorte
´Yellow Submarine`	gelbe, kleine Birnenform, mild-aromatisch, nicht mehlig werdend, bis 20 g, säurearm, delikat	sehr hoch wachsend, stark verzweigend, pilztolerant, Früchte stehen in großen Trauben, kartoffelblättrig	Kindernaschfrucht, eingeschränkt freilandgeeignet, unglaublich produktiv

´Schwarzwälder Erdbeere` ´Serendipity Striped` ´Striped Roman Yellow` ´Sweet Million` ´Thomas Green` ´Yellow Submarine`

Nützliche Adressen

Vereine & Gesellschaften

Arche Noah
Gesellschaft für die Erhaltung der Kulturpflanzenvielfalt und ihre Entwicklung
Sortenarchiv und Versuchsgarten, Biologisches Saatgut und Jungpflanzen
Obere Strasse 40
A-3553 Schiltern
www.arche-noah.at

VEN
Verein zur Erhaltung der Nutzpflanzenvielfalt e.V.
Samen-Tauschbörse
Sandbachstrasse 5
38162 Cremlingen
www.nutzpflanzenvielfalt.de

Bezugsquellen

Jörn Meyer Gemüsebau
Saatgut, Pflanzen, Früchte
Kremper Rhin 6
25348 Blomesche Wildnis
www.tomatenmitgeschmack.de

Biolandhof Jeebel
Biogartenversand OHG, Samen, Bodenanalyse, Nützlinge, Dünger
Jeebel 17
29410 Salzwedel OT Jeebel
www.biogartenversand.de

Bio-Saatgut
Gaby Krautkrämer
220 Tomatensorten
Weingartenstrasse 58
97525 Frickenhausen am Main
www.bio-saatgut.de

G. Bohl, S. Kunstmann
Privates Samenarchiv, Gärtnerei
1500 samenfeste Tomatensorten
Waldstrasse 40
90596 Schwanstetten
www.garten-pur.de

Dreschflegel
Biologisches Saatgut
In der Aue 31
37213 Witzenhausen
www.dreschflegel-saatgut.de

Fesaja-Versand
Susanne Hammerschlag
Exotische Saatgutraritäten
Dorfstrasse 23
37318 Schönhagen
www.fesaja-versand.de

inganashop
Saatgut von Tomatensorten aus aller Welt
Konrad-Adenauer-Strasse 8
35440 Linden
www.inganashop.de

Irinas Tomaten & Kräuter
Spezialitätengärtnerei
Tomatenpflanzen und -samen
Blattenhof 1
93142 Maxhütte-Haidhof
www.irinas-tomaten.de

Michaels Tomaten und Paprika
Tomatensamen
Michael Schecker
Hahlgartenstrasse 3
64347 Griesheim
www.michaels-tomaten.de

Raritätengärtnerei Treml
Verkauf von Tomatenpflanzen (250 verschiedene Sorten)
Eckerstrasse 32
93471 Arnbruck
www.pflanzentreml.de

Weitere Internetadressen

www.tatianastomatobase.com
Tatiana Kouchnareva, Sortenbeschreibungen in Englisch

www.tolletomaten.de
"Tomatensuchmaschine", Sortenliste, Sortenbeschreibungen, Fotos

www.tomatenatlas.de
5000 Tomatensorten, Fotos und Beschreibungen alphabetisch

www.tomatofest.com
Samen von 600 Heirloom-Tomatensorten

www.tomaten.gmxhome.de
Sortenbeschreibungen und Fotos

www.mitglied.lycos.de/rkraft/tomatenhahm.html
Privates Samenarchiv M. Hahm-Hartmann, über 1000 Tomatensorten

www.tomatengarten.de
unzählige Fotos und Informationen

www.tomaten.de
Informationen rund um die Tomate

Literatur

Tomate
Luzia Ellert, Gabriele Halper, Elisabeth Ruckser
Collection Rolf Heyne

Atlas der erlesenen Paradeiser
Erich Stekovics, Julia Kospach, Peter Angerer
Loewenzahn

Tomaten
Sorten, Anbau, Gesundheit, Rezepte
Eva Schumann
Ulmer-Verlag

Das Tomatenkochbuch
Sorten, Anbautipps, Rezepte
Monika Judä
Weltbild-Verlag

Tomaten
Interessantes über Tomaten, Rezepte
Jesse Ziff Cool
Komet-Verlag

The Great Tomato Book
Gary Ibsen
Ten Speed Press

100 Heirloom Tomatoes for the American Garden
C.J. Male
Workmann Press

Empfehlenswerter Artikel:
Die Geschichte der Tomate
Prof. Dr. Stefanie Jacomet
Universität Basel

Danksagung

Mein Dank geht an alle, die zur Realisierung dieses Buches beigetragen haben:
Allen voran Robert Hoser, der mir einen großen Teil des Wildtomatensamens zur Verfügung stellte, Helga Pöhlmann, die mich bei der Aufzucht und Pflege der Tomatenpflanzen unterstützte, Sigrid Hauser, die vor allem während meines Sommerurlaubes in meinem Gemüsegarten nach dem Rechten sah und der Tomatenfülle kaum Herr wurde und die immer wieder Lust hatte, mit mir Tomatenrezepte zu entwickeln, Uschi Frisch-Hoffmann für die Beschriftung der Tomatenblüten und meiner Familie, die während der intensivsten Schreibphase sehr viel Rücksicht auf mich nahm und nach so vielen Jahren des Tomatenanbaus immer noch gerne Tomatengerichte verzehrt.

Bildquellen

Erika Hartmann / pixelio.de
Hummel bestäubt Blüte (S.14)

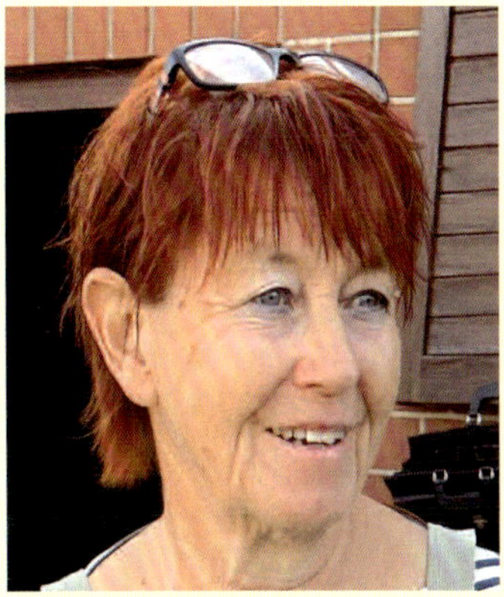

Schon als Kind hatte ich mein eigenes kleines Gärtchen innerhalb des Gartens meiner Eltern, in dem ich hauptsächlich Blumen zog, aber auch ein wenig Gemüse anbaute.
1973 heiratete ich einen Sizilianer und wieder musste es eine Wohnung mit Garten sein, in dem wir uns gemeinsam von Jahr zu Jahr nicht nur mit heimischem Gemüse und Obst, sondern auch mit einer Vielzahl von südländischen Spezialitäten zu Selbstversorgern weiterentwickelten.
Als Biologielehrerin an einer Gesamtschule mit Ganztagsbetrieb und einem entsprechenden Freizeitangebot nutzte ich meine Erfahrungen als Hobbygärtnerin und begann mit Schülern, Tomatensamen aus aller Welt zu sammeln. Jedes Jahr im Frühjahr zogen wir eine Vielzahl von Tomatenpflänzchen auf und verkauften diese auf verschiedenen Märkten und in der Schulgemeinde. Mit dem Erlös aus dem Verkauf wurden 2 Abschlussfahrten finanziert und Geräte für den Schulgarten angeschafft. Einen Teil des Geldes haben wir als Kleinkredite über die Organisation „KIVA“ verliehen.
Inzwischen bin ich in Pension, arbeite ehrenamtlich in der Alexianer-Klostergärtnerei mit und beschäftige mich weiterhin mit dem Sammeln von historischen Tomaten. Durch Tausch mit anderen Sortenerhaltern ist das Sortiment nun auf über 500 Varietäten angewachsen.
Alle diese Sorten stehen zur Samengewinnung und zur Überprüfung der Krankheitsanfälligkeit in meinem privaten Gemüsegarten sowohl im Freiland als auch im Folientunnel.
In Zukunft werde ich mich vor allem dem Thema „Urban Gardening“ widmen.

Adelheid Coirazza

www.tomatenadel.de

Auf dieser Seite erfahren Sie etwas über unser Projekt und unsere Verkaufstermine.
Den Samen der in diesem Buch vorgestellten Sorten können Sie ebenfalls über uns beziehen.

Kontakt: tomatenadel@gmx.de

Saatgutfestivals

Die Saatgutfestivals in Köln und Düsseldorf, aber auch in vielen anderen Städten Deutschlands, bieten den privaten Gärtnerinnen und Gärtnern die Möglichkeit, Saatgut alter Gemüsesorten zu erwerben.

www.saatgut-festival.de www.nutzpflanzenvielfalt.de

Verzeichnis der Tomaten

´Amore Cerise`

´1884`
S. 65

´AAA Sweet Solano`
S. 124

´Abraham Lincoln`
S. 65

´Ailsa Craig`
S. 66

´Ailsa Craig Yellow Flesh` S. 124

´Airyleaf`
S. 66

´Alicante`
S. 67

´Alice Roosevelt`
S. 67

´Allerbest`
S. 68

´Alter Kommunist`
S. 68

´Amish Cherry`
S. 69

´Amish Gold`
S. 69

´Amore Cerise`
S. 70

´Andis Cocktail`
S.70

´Anna Herrmann`
S. 71

´Aufbinder`
S. 124

´Aunt Ruby's German Green` S. 124

´Aurantiacum`
S. 47

´Babelsberger Gelbe`
S. 71

´Baschkirische Rose` S. 124

´Baselbieter Röteli`
S. 72

´Bauerntomate Honduras` S. 72

´Beefsteak`
S. 124

´Big White Pink Striped` S. 73

´Black Ethiopian`
S. 73

´Black Truffle`
S. 124

´Black Yum Yum`
S. 74

´Blondköpfchen`
S. 124

´Blueberry`
S. 74

´Bolivianische Gelbe`
S. 47

´Bombolino d'Inverno` S. 75

´Brandywine Apricot` S. 75

´Broad Rippled Yellow Currant` S.48

´Bulgarisches Ochsenherz` S. 76

´Burrackers's Favorite` S. 76

´Carbon` S. 77

´Caro Rich` S. 124

´Cerise` S. 124

´Chocolate Stripes` S. 77

´Columbianum` S. 48

´Coracao de Boi` S. 125

´Costoluto Fiorentino` S. 78

´Costoluto Genovese` S. 78

´Crimson Cushion Beefsteak` S. 79

´Cua Tomate` S. 62

´Currant Sweet Pea` S. 49

´Dattelwein` S. 125

´De Berao Black` S. 125

´Deutsche Fleiß` S. 125

´Deweese Streaked` S. 79

´Domaca Pfarrgarten` S. 80

´Dr. Carolyn` S. 125

´Druzba` S. 125

´Eagle's Beak` S. 80

´Earl of Edge-combe` S. 125

´Edelrot` S. 125

´Elbe` S. 125

´Ernteglück` S. 125

´Eva Purple Ball` S. 81

´Federle` S. 126

´Feldscheune`
S. 126

´Ficarazzi`
S. 126

´Fidelio`
S. 81

´Fioline`
S. 126

´Freude`
S. 82

Fuoco d'Oro`
S. 126

´Fuzzy Wuzzy`
S. 126

´Galina`
S. 126

´Gardener's
Delight` S. 82

´Gartenperle`
S. 83

´Gelbe von Thun`
S. 126

´Gelbe Helene`
S. 83

´Gelbe Johannis-
beere` S. 51

´Gelber Paprika`
S. 84

´German Pink`
S. 84

´Golden Currant`
S. 62

´Goldene Königin`
S. 126

´Goldperle`
S. 49

´Goldtröpfchen`
S. 126

´Gran's Potuguese
Neighbour` S. 127

´Grandpa Cock's
Plume` S. 85

´Grappoli
d'Inverno` S. 85

´Great White`
S. 86

´Green Pineapple`
S. 127

´Green Doctor's
Frosted` S. 86

´Green Pear`
S. 127

´Green Zebrina`
S. 127

´Gregoris Altai`
S. 127

´Grimpante du
Mexique` S. 87

´Halay's Purple
Comet` S. 127

´Harbinger` S. 87

´Harzfeuer` S. 127

´Haubners Vollendung` S. 127

´Hawaiian Currant` S. 62

´Heidelberger Braune` S. 127

´Heinz` S. 127

´Hellperle` S. 128

´Herz aus Bosnien` S. 88

´Herz aus Russland` S. 88

´Herz aus Siebenbürgen` S. 89

´Hillbilly` S. 89

´Honigsüßer Erlöser` S. 90

´Huberts Beste` S. 90

´Huevo de Toro` S. 91

´Humboldtii` S. 50

´Il Migliore di Sacco` S. 128

´Indianertomate` S. 50

´Isis Candy` S.91

´Ivory Drops` S. 128

´Jaune Flamme` S. 92

´Jerry's German Giant` S: 92

´Johannisbeertomate` S. 51

´Johannisfeuer` S. 93

´Junifreude` S. 128

´Justens Süße` S. 93

´Kasachstan Herz` S. 94

´Kaukasisches Ochsenherz` S. 94

´Kinesisk` S. 52

´König Humbert` S. 128

´Lämpchen` S. 128

´Large Barred Boar` S. 128

´Lasting Love` S. 128

´Lehrertomate` S. 95

´Liana Orangevaja` S. 95

´Lida Ukrainian` S. 96

´Liguria` S. 128

´Lila Sari` S. 96

´Lukullus` S. 128

Lycopersicon americanum S. 52

Lycopersicon pennellii S. 53

L. pimpinellifolium ´Alboviridis` S. 62

L. pimpinellifolium ´Aridifolia` S. 62

L. pimpinellifolium ´Bullosa` S. 53

L. pimpinellifolium ´Curta` S. 62

L. pimpinellifolium ´Minuta` S. 62

L. pimpinellifolium ´Picta` S. 62

´Mamma Leone` S. 97

´Mammoth German Gold` S. 97

´Mamont` S. 98

´Mandarin Cross` S. 98

´Marvel Striped` S. 99

´Marz Round Green` S. 99

´Matt's Wild Cherry` S. 54

´Meraviglia del Mercato` S. 100

´Mexico Midget` S. 62

´Missouri Pink Love Apple` S. 100

´Mortage Lifter Bicolored` S. 129

´Moskovich` S. 129

´Mr. Stripey` S. 101

´Nadgok Haduk` S. 101

´Native Sun`
S. 102

´Nebraska Wedding` S. 129

´Nonna Antonia`
S. 102

´Norddeutsche Hellfrucht` S. 103

´Ochsenherz Quattro` S. 129

´Old Ivory Egg`
S. 129

´Olympische Flamme` S. 103

´Omar's Lebanese`
S. 129

´Onkel Gustav`
S. 129

´Opalka`
S. 104

´Orange Flasche`
S. 104

´Orangevaja Slivka` S. 105

´Outdoor Girl`
S. 105

´Pêche Rosé`
S. 106

´Perito Italian`
S. 106

´Peruanischer Beutel` S. 107

´Phyra`
S. 62

´Piedmont`
S. 107

´Pink Ponderosa`
S.108

´Pizzo Tello`
S. 108

´Platte Vierländer`
S. 109

´Poma Amoris Minora Lutea` S. 109

´Pomodorini del Vesuvio` S. 110

´Pomodoro Crovarese` S. 110

´Principe Borghese` S. 111

´Prinz von Sachsen und Coburg` S. 129

´Purple Calabash`
S. 111

´Purple Smudge`
S. 129

´Quedlinburger frühe Liebe` S. 129

´Raf`
S. 112

´Red Currant`
S. 63

´Red Oxheart`
S. 130

´Red Spoon`
S. 63

´Red Fig`
S. 112

´Regina di Torre Canne` S. 130

´Resi`
S. 130

´Rheinlands Ruhm`
S. 130

´Ribesoides`
S. 54

´Riesenfleischtomate`
S. 130

´Riesentraube`
S. 113

´Rio Fuego Confizione` S. 130

´Rio Grande`
S. 113

´Rote Murmel`
S. 63

´Rote Zora`
S. 114

´Roter Pfirsich`
S. 114

´Rutgers`
S. 115

´San Marzano`
S. 115

´San Marzano Lampadina` S. 130

´Sandul Moldovan`
S. 130

´Schmatzefein`
S. 130

´Schneewittchen`
S. 130

´Schwarze Birne`
S. 116

´Schwarzwälder Erdbeere` S. 131

´Serendipity Striped` S. 131

´Soldacki`
S. 116

´Spear's Tennessee Green` S. 131

´St. Ignatius`
S. 117

´Strawberry Orange` S. 117

´Striped Roman Yellow` S. 131

´Subarctic Maxi`
S. 131

´Sweet Million`
S. 131

´Tess's Land Race Currant` S. 63

´Teton de Venus`
S. 118

´Thomas Green`
S. 131

´Tidwell German`
S. 118

´Tindindogo`
S. 63

´Tlacolula Ribbed`
S. 119

´Tomadose des Comores` S. 63

´Tondino Maremmo` S. 131

´Uroma aus dem Passeiertal` S. 119

´Urtomate Kanaren` S. 55

´Veras Paradeiser`
S. 120

´Vintage Wine`
S. 120

´Virginia Sweets`
S. 121

´Waimea Wild Cherry` S. 55

´Weiß Behaarte`
S. 121

´White Currant`
S. 56

´Wildtomate Argentinien` S. 63

´Wildtomate El Salvador` S. 56

´Wildtomate Filz`
S. 57

´Wildtomate Galapagos` S. 63

´Wildtomate Gelb`
S. 57

´Wildtomate Gelbe Eier` S. 58

´Wildtomate La Palma` S. 58

´Wildtomate Lanzarote` S. 59

´Wildtomate Lettland` S. 63

´Wildtomate Orange` S. 59

´Wildtomate Peru`
S. 60

´Wildtomate Pink`
S. 60

´Wildtomate Tunesien` S. 61

´Wildtomate Venezuela` S. 61

´Wunder der Erde` S. 122

´Yellow Stone` S. 131

´Yellow Submarine` S. 131

´Yellow Grape` S. 63

´Zahnradtomate` S. 122

´Zaofen` S. 123

´Zuckertraube` S. 123

Buchempfehlungen

Tomaten

244 Sorten für Garten, Balkon und Küche

von Adelheid Coirazza
2. Auflage, Februar 2021

- 244 Sortenbeschreibungen
- 40 Rezeptvorschläge
- Balkontomaten
- 1522 brillante Farbfotos
- 264 Seiten
- 19,90 €

www.formosa-verlag.de

Chilis

Kultur, Sortenempfehlungen und Rezepte

von Jan Rasche, Jan und Timo Riering
1. Auflage, September 2017

- 162 Sortenbeschreibungen
- Seltene Wildarten
- Die schärfsten Chilis der Welt
- 1076 brillante Farbfotos
- 256 Seiten
- 19,90 €

www.formosa-verlag.de